The Development and Educational Strategies of Children's Delayed Gratification Ability

幼儿延迟满足能力的发展与教育策略

王江洋 著

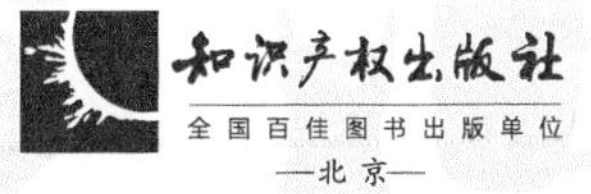

知识产权出版社
全国百佳图书出版单位
—北京—

图书在版编目（CIP）数据

幼儿延迟满足能力的发展与教育策略／王江洋著.—北京：知识产权出版社，2019.11
ISBN 978－7－5130－6551－1

Ⅰ.①幼… Ⅱ.①王… Ⅲ.①婴幼儿心理学—研究 Ⅳ.①B844.12

中国版本图书馆 CIP 数据核字（2019）第 232791 号

责任编辑：唱学静　　责任校对：谷　洋
封面设计：乾达文化　　责任印制：孙婷婷

幼儿延迟满足能力的发展与教育策略

王江洋　著

出版发行：知识产权出版社有限责任公司　　网　　址：http：//www.ipph.cn
社　　址：北京市海淀区气象路 50 号院　　邮　　编：100081
责编电话：010－82000860 转 8112　　责编邮箱：ruixue604@163.com
发行电话：010－82000860 转 8101/8102　　发行传真：010－82000893/82005070/82000270
印　　刷：北京九州迅驰传媒文化有限公司　　经　　销：各大网上书店、新华书店及相关专业书店
开　　本：720mm×1000mm　1/16　　印　　张：14.75
版　　次：2019 年 11 月第 1 版　　印　　次：2019 年 11 月第 1 次印刷
字　　数：230 千字　　定　　价：68.00 元
ISBN 978－7－5130－6551－1

目录
Contents

Chapter 1

第一章

导　论

延迟满足是自我调节或意志力原型的一种人格的关键性变量指标，是一种甘愿为更有价值的长远结果而放弃即时满足的抉择取向，以及在等待过程中展示的自我控制能力。它是人类自我调节和自我控制行为的重要方面，它在人类种系的进化史上和人类个体的发展中具有十分重要的意义。它的发展是儿童社会化的一个重要目标，是预示个体成熟、社会适应、健康发展的一种人格变量，是建构人类许多复杂行为的基础，是个体由幼稚走向成熟、由依赖走向独立的重要标志，是个体完成各种任务、协调人际关系、成功适应社会的必要条件，是个体自我发展、自我实现以至日臻完善的基本前提和根本保障，也是社会文明和发展不可或缺的社会美德。如果个体不能学会控制自己的行为，避免必须避免的一些事情，等待他们不能立刻获得的东西，或者改变、调节他们正在运行的某些策略，那么他们将一事无成，甚至变坏。从 100 多年以前弗洛伊德首次对自我延迟满足问题的关注开始，很多研究者都认识到了这一能力的重要性。20 世纪五六十年代，认知社会学习理论家 Mischel 将研究对象置于特定的选择实验情境中，直接测量他们对即时满足或延迟满足的偏好以及能否有效控制延迟来研究延迟满足自我控制能力或行为，首创了著名的“两块糖”实验，确立了现代儿童延迟满足研究的基本实验范式。此后，国内外众多心理学研究者对个体延迟满足自我控制能力的心理机制和各种相关影响因素展开广泛研究。延迟满足问题一度成为人格心理学、发展心理学、认知心理学、社会心理学和心理治疗领域研究的热点问题。

幼儿期正是个体身体、智力、人格和社会性技能开始形成和发展的关键时期，探索这一时期个体延迟满足自我控制能力的发展对促进儿童身心整体发展具有重要的理论与现实意义。本研究将以幼儿延迟满足自我控制能力发展为问题中心，采用实验室观察实验法、访谈法、问卷法、社会测量法以及跨文化比较的方法，围绕幼儿延迟满足自我控制能力发展的不同表现形式、年龄特征、预测作用及相关影响因素问题而展开系列研究，从而进一步深化对幼儿延迟满足自我控制能力发展规律的认识，为当今幼儿家庭教育和幼儿园教育实践提供可借鉴的理论依据和教育策略指导。

第一节　幼儿延迟满足自我控制能力的概念界定

一、自我控制能力的概念

Kopp（1991）认为，自我控制是个体自我意识发展到一定程度所具有的功能，是个体的一种内在能力，它外在表现为一组相关行为，是个体自主调节行为使其与个人价值和社会期望相匹配的能力。具体包括：遵守要求的能力；根据社会要求发动和终止活动的能力；在社会和教育环境中，管理意图、频率和说话时间以及其他行为的能力；在缺少他人监督和外在控制的情况下的延迟满足和行为的适当性。杨丽珠（1995）认为，自我控制是自我意识的重要成分，它是个体对自身的心理和行为的主动掌握，是个体自觉地选择目标，在没有外界监督的情况下，适时地监督调节自己的行为，抑制冲动，抵制诱惑，延迟满足，坚持不懈地保证目标实现的一种综合能力，表现在认知、情感、行为等方面。杨慧芳、刘金花（1997）和邓赐平、刘金花（1998）认为，自我控制是儿童根据社会环境的要求对自我的认识、情绪、行为进行调节与控制以做出适当反应的能力，主要包括五个方面：抑制冲动，抵制诱惑，延迟满足，制订和完成行为计划，采取适应社会情境的行为方式。Funder 等人（1983）认为，自我控制是指个体普遍性的气质倾向或调节和克制冲动、情感和欲望的能力、抑制行动，并免受环境的干扰的能力，延迟满足的概念包含在这个自我控制特质范围内。陈伟民、桑标（2002）认为，自我控制是指儿童对优势反应的抑制和对劣势反应的唤起的能力，早期儿童自我控制最典型的表现是对母亲指示的服从和延迟满足。可见，国内外研究者较一致地认为，在概念的层次结构上延迟满足是自我控制的重要组成结构，是儿童自我控制的一种早期表现形式。

二、延迟满足自我控制能力的概念

研究者已开始注意到，延迟满足有自我延迟满足与外加延迟满足的区别（Miller & Karnio，1976；Hom & Knight，1996；Cuskelly & Zhang，2003；于松梅，金红，2003）。Mischel（1974）认为自我延迟满足是一种心理成熟的表现，专指一种甘愿为更有价值的长远结果而放弃即时满足的抉择取向，以及在等待期中展示的自我控制能力。它是个体自愿放弃即时满足，并忍受自我施加的延迟满足（self-imposed delay of gratification，SID）的能力。整个自我延迟满足过程包括相继的两个阶段：延迟选择和延迟维持。延迟选择是指个体在对即时和延迟奖励在价值和时间维度上的列联关系理解的基础上，对延迟奖励物的选择。延迟维持是指个体一旦选择了延迟的大奖励，就要为获得这个延迟目标而设法维持一段延迟期限，最终获得延迟奖励物。这种延迟是建立在有选择机会的基础上，个体自我施加的延迟满足行为，也称为选择性延迟满足（choice delay of gratification）。在本系列研究中所指的延迟满足概念，将以 Mischel（1974）对自我延迟满足概念的界定为准。

在自我施加的延迟满足情境中，个体有选择的机会，因而可以随时退出延迟等待而获得即时满足，但并不是所有不愉快的等待或人们所从事的目标延迟都可以随人们的意志任意中止。通常，在达成某些良好意愿之前，人们不仅必须忍受一段等待的时间，而且还可能没有机会去中止（或必须忍受）这段延迟期间。这种情况便是外在施加的延迟满足情境（external-imposed delay of gratification，EID）。外加延迟满足是由于外界的要求、干预而执行的延迟满足，个体在这一过程中，没有其他机会可供选择，没有机会中止延迟，只有等待和维持延迟目标这一选择，因而，这种延迟的过程是由于外力的影响（常常是成人或权威人士的要求，或外部环境所迫）不得已而为之，而非经个体选择再施加于自我的延迟，因而也称为要求性延迟满足（required delay of gratification）。

综上所述，延迟满足自我控制能力的主要表现形式包括延迟满足选择行为与延迟满足维持行为两方面的能力。在幼儿阶段，这两方面的能力均开始迅速发展。其中，延迟满足选择行为更多反应的是个体是否会对延迟满足做出选择的一种选择倾向性或偏好性，因此，会受幼儿个体行为动机的影响。例如，亲社会延迟满足选择倾向即是指儿童为了与他人分享或使他人的利益最大化而做出延迟满足选择的行为倾向。它是在亲社会动机驱使之下，个体所做出的延迟满足选择行为倾向，自我延迟选择行为决策的做出取决于儿童具有什么样的亲社会动机，而非仅为满足自己才做出延迟的选择，所以在本质上它又是一种亲社会行为表现。而选择性延迟满足维持能力则是延迟满足自我控制能力表现的高级形式，是幼儿自我控制发展的核心指标。因此，本研究还将分别探讨有关幼儿延迟选择倾向与选择性延迟满足维持能力的发展特点及其相关影响因素问题。

第二节　延迟满足自我控制能力的相关理论

一、詹姆士的意志理论

早在 1890 年，美国心理学家威廉·詹姆士（William James）就曾主张注意是自我控制现象的核心，“每个人都知道欲望（desire）、希望（wish）和意愿（will）都是人的各种心理状态，但没有哪一个定义能把它们准确地表达清楚……如果仅凭欲望，我们只是希望，那只能产生一种目标不可及的感觉；但如果我们确信结果在我们的能力掌握之中，那么我们所意愿的那些可欲的情感、拥有或者想要做的事情就可能成真；……当意愿一经实现或者是具备了某些预备能力（preliminaries）以后，我们的所想就可以成真”。“有意注意是意志力含义的全部。意志力的获得就是通过有意地注意巨大的诱惑并能抵制住诱惑而实现的”。在这里詹姆士阐明了注意与自我控制和意志力的关系（Mischel，Ebbesen & Zeiss，1972）。

二、弗洛伊德的精神分析理论

弗洛伊德（1959）在关于个体控制从初级过程向次级过程过渡的古典论

述中曾提到个体怎样可以越过延迟满足。弗洛伊德认为个性结构中的“本我”依照快乐原则行事，追求冲动的即时满足；而“自我”遵循现实原则，不断调节“本我”与外界要求之间的冲突，寻求对“本我”冲动的延迟满足，直至发现适当的、可以得到满足的对象为止。当直接满足过程的实现发生障碍或推迟的时候，观念作用便开始出现，个体通过采取对实际上不存在的、需要延迟满足的对象产生“幻觉意象”（hallucinatory wish-fulfilling images），来达到消除紧张和烦恼，最终度过延迟期间（Mischel & Ebbesen，1970）。例如，一个暂时与母亲分离的婴儿，在这种外加的延迟期间，婴儿是通过产生一种关于实际上不存在的延迟奖励物（母亲及其相关的满足感觉）的“幻觉意象”而最终度过延迟期限。延迟满足代表了个体主要的发展成就，它伴随着现实原则超越快乐原则作用的增长，体现了“本我”追逐即时快乐满足的初级过程向“自我”根据现实环境的要求而趋于合理地延迟满足的次级过程的过渡。这种发展反映着成熟的过程，而不是文化的影响作用。这种发展通过非常自然的、非直接的形式从对即时释放的非抑制阶段过渡到倾向于控制冲动（Nisan & Koriat，1984）。可见，精神分析理论是强调无意识过程和动机驱力的作用，用价值内化和内部心理冲突来解释延迟满足的自我控制现象（Mischel，Ebbesen & Zeiss，1972）。

三、斯金纳的行为矫正理论

斯金纳在《理想社会——华尔登第二》中描述了这样一种训练情境，给3~4岁幼儿一些蘸上糖末儿的棒棒糖——用舌头一舔便能尝出来。然后，告诉幼儿，如果他们在这时根本不去舔它，在今天晚些时候就可以给他们拿走去吃。在这个情境中，若贪图目前的小乐趣，就会丧失往后的较大的奖品。那么幼儿是怎样度过这一过程的呢？斯金纳这样描述（利伯特，1983，刘范译）：“开始时，是鼓励儿童一面望着棒棒糖，一面检查自己的行为。这样就可以帮助他们了解自制的必要性。然后，把棒棒糖隐藏起来，要儿童们注意愉快是否有所增加，或紧张是否有所减少。然后，安排一场强烈转移注意的活动——比如说，一场有趣的游戏。稍迟一些，使儿童记起糖果，并鼓励他们检查自己的反应。一般说来，娱乐的用处是明显的。……过一两天以后再做同样的实验时，孩子们都拿着棒棒糖奔向他们的小衣柜……这就足以说明我们的训练是成功的。”可见，斯金纳也强调注意转移在延迟满足过程中的重要作用。

四、柯尔伯格的认知发展理论

柯尔伯格（1969）认为延迟满足的发展倾向起源于儿童认知的发展，它反映了建构事件和理解现实能力的完善。这些理解力包括意识到延迟是有效功能和适应的必要条件，它是最大限度地利用和赢得对环境控制的一种方式。此外，延迟行为的发展还取决于时间知觉的扩展和能够同时考虑选择两难（例如，时间和奖励物的数量）的认知技能。而同时考虑选择两难的能力出现在具体运算阶段的初期，这与延迟行为的主要年龄变化同时发生。因此，依据这一理论观点，延迟行为的变化是普遍的认知发展所固有的。认知发展理论和精神分析理论有一个共同的假设，即延迟行为的发展反映着成熟的过程，而不是环境的结果。其区别在于认知发展理论把延迟满足的发展归因于认知的发展，而精神分析理论强调动机的决定作用。认知过程在延迟行为中的作用在社会学习理论框架内的研究中也得到承认。事实上，Mischel 描述了对奖励物的认知转换在决定延迟行为中的决定性作用。然而，在社会学习理论中，认知过程主要被认为是对社会学习效果的调节。相反，认知发展理论把认知发展看成由寻找平衡的行动（例如，适应）所引导的延迟行为发展的直接源泉（Nisan & Koriat，1984）。

五、房德的个性特质理论

房德（Funder，D. C.）对延迟满足的理解是基于他自己设计的礼物延迟范式的研究。他认为，礼物延迟实验情境唤醒了儿童要去接近礼物的强烈动机，但是，它不要求儿童做出特定的偶联性行为——礼物是干扰性的，对于小孩子来说是很难抵制的诱惑，但在任何情况下它都是属于这个儿童的。儿童不需要通过等待或工作来得到它。因此，在这种情境中的延迟行为不具有特殊的适应性（它只是导致了一种不必要的对快乐的延迟），不能被解释为特定的认知或普遍的适应技能的一个反应。取而代之，它可以被解释为儿童倾向于冲动过度控制的一种初级反应。延迟满足起源于自我控制（ego control）或自我韧性（ego resilience）这些个性特质，自我控制指在不同情境中抑制自己的情绪表达和冲动性，自我韧性指用适当的情境性行为来调节这种抑制。因此，能够延迟满足的儿童就能够按照与情境要求相一致的方法来抑制他们的冲动性表现（Funder & Block，1989；Krueger，Caspi & Moffitt，et al.，1996）。

六、早期社会学习理论

（一）罗特的价值预期理论

该理论强调个人选择的行为是个人对行为结果的主观期望和对行为结果的主观价值感的函数。罗特（1954）认为，每一个选择都是主观预期的功能，它将引发出特定情境中的特定结果和这些结果的主观价值。因此，个体无论是选择较小的即时奖励还是较大的延迟奖励，都是关于每一个选择的奖励价值和预期的相对强度的功能（Mischel & Grusec，1967）。

（二）班杜拉的观察学习理论

该理论基于大量社会示范对于行为影响的实验研究。在自我调节问题上，班杜拉认为在没有环境控制的情况下，儿童远不是一个无法控制的放纵者，他们通过观察和模仿由成人和同伴所展示的潜在的自我调节标准和自我奖励模式学会了自我控制。他强调社会文化的作用，文化中的榜样示范在传授延迟行为方面确实具有很重要的影响，但儿童的延迟满足形式可以因观察了示范行为而改变（利伯特，1983，刘范译）。

（三）琼斯和杰拉德的冲动控制理论

他们在其对冲动控制的理论（1967）研讨中曾推想，“时间联结”或度过延迟以达到满足的能力，也许是随自我指导过程而转移的，一个人通过这种过程而使其延迟行动的后果或结果更为突出。在他们看来，任何使延迟的结果显得突出的因素（环境中的或自己内在的因素）都能够加强冲动控制和自愿延迟。他们的论点强调对延迟后果的注意的自我指导方面，同时也指隐蔽的自我强化过程，通过这一过程主体可以利用预期将等待行为导致的某些积极结果来强化自己的等待行为（Mischel & Ebbesen，1970）。

七、Mischel 的认知社会学习理论

Mischel 的认知社会学习理论主要对自我调节的认知和情感因素做了充分的说明。其中，个体可以获得的编码策略和个人建构、期望、价值和目标、情感反应、自我调节策略和能力是认知情感的个性系统中几种重要的人格单元。认知情感的这些调节单元是个体基本的心理成分，具有显著的个体差异性，是在与他人相互交往和从外界获得信息的过程中对行为发生作用的。Mischel 认为个体的自我调节行为主要以自我调节动机和自我调节能力为基础（Metcalfe & Mischel，1999）。自我调节动机是指个体如何对情境中的信息所引发的价值、信念、标准和目标等进行编码和建构；自我调节能力主要是指有助于个体实现目标的认知和注意机制，这里他主要研究并阐释了延迟满足自我控制这种自我调节控制能力的心理机制问题。

关于延迟满足自我控制的研究和论述使 Mischel 成为个体延迟满足研究领域最杰出的心理学家。在几十年实验研究的基础上，Metcalfe 和 Mischel（1999）提出了延迟满足自我控制的冷热系统理论（the hot-system/cool-system framework），解释当个体决定为一个长远的目标而选择延迟满足后，会有怎样的认知、情感与行为活动表现，以及在这些活动之下蕴含着怎样的心理机制，如何使个体能够或不能够延迟的问题。这一双系统理论假定存在一个冷认知的“知”系统（cool，cognitive“know”system）和一个热情感的“行”系统（hot，emotional“go”system），重在说明这两个系统之中的注意调配（attention deployment）对延迟满足自我控制的作用机制。“冷”系统是认知的、中性情绪的、凝神的和策略性的注意调配，在认知上注意刺激物抽象的一般信息，主要表现为儿童的各种注意分心活动（例如，把棉花糖想象成胖胖的白云，儿童看四周、唱歌或跳舞等），它是自我调节和自我控制的中心，可以增强延迟满足自我控制。“热”系统是情绪和恐惧的基础，是由先天释放刺激（innate releasing stimuli）所控制的注意调配，主要表现为儿童持续将注意力固定在奖励物或奖励物的唤醒特征上，它可以削弱延迟满足自我控制。受个体发展因素影响，“热”系统发展得早，而“冷”系统发展得晚。在人生最早的几年里，“热”系统发挥主要功能作用，在延迟满足自我控制中具

有优势作用，使延迟满足变得困难。因此，儿童表现为十分冲动；随着年龄的增长，“冷”系统发展起来，开始在延迟满足自我控制中发挥优势作用，使延迟满足变得容易，儿童也意识到自发地使用冷注意调配策略有利于延迟。儿童最终能否完成延迟则取决于两种系统的相互作用。此外，这一理论还指出，除受发展因素影响外，延迟满足自我控制的效果还会受到压力、先天倾向（例如，气质）和机体性因素（例如，疾病）、药理性因素的影响。短暂而剧烈的或长期慢性的压力都会引起“热”系统的激活，并同时降低“冷”系统的激活，从而使延迟满足自我控制的有效性随着环境压力的提高而降低。先天气质、疾病及药物的使用等因素则会影响冷热两个系统功能作用的选择（Metcalfe & Mischel，1999）。

八、维果斯基的文化历史学派观点

苏联著名儿童心理学家维果斯基（1966）曾说：“游戏持续地向儿童提出活动时要克服即时冲动的要求。”他认为，幼儿在游戏中，要扮演各种假想的社会角色，遵守角色或游戏的规则，等待他们的游戏顺序，分享他们喜欢的玩具，或者是在交流的过程中等待说话的时机，都有很多延迟满足自我控制的机会。幼儿在游戏活动中对满足的延迟完全是自主的，这远比满足即时冲动给他们带来的快乐更多，比起成人直接对幼儿提出的延迟满足，这使他们也更乐于接受（Vygotsky，1966）。

九、延迟奖励物选择的折扣理论

延迟奖励物选择的折扣理论（discounting framework for choice with delayed rewards）认为，延迟满足过程中个体对延迟奖励物的等待，取决于他对延迟奖励物价值的判断，而这种对延迟奖励物价值的判断，会随着延迟时间的推移而发生变化，使延迟奖励物的主观价值产生折扣回复效应。这一变化规律可用延迟折扣函数来表示：

$$v = \frac{V}{1 + kd}$$

其中，V 代表奖励物实际价值；v 代表当前折扣的价值；d 代表奖励物的延迟期间（奖励获得的时间减去当前时间）；k 代表测量折扣程度的参数。当 k 等于 0（没有折扣时）时，v 等于在整个延迟期间奖励物的实际价值 V，随着 k 值增加，v 下降也越快（Green & Myerson，2004）。

第三节　延迟满足自我控制能力的研究范式

从延迟满足问题研究的兴起至今，研究者根据自己特定的研究目的设计出多种不同研究范式，不同的研究范式适用的被试人群和其测量出的延迟满足心理维度也各不相同，研究者经常采用的延迟满足研究范式有以下几种。

一、选择范式

选择范式（choice paradigm）在 20 世纪五六十年代兴起，可以说是研究延迟满足问题的早期范式。在这一范式中，被试期望可以获得较大奖励之前，必须在一个较小的即时奖励和这个较大的延迟奖励之间做出选择；选择即时奖励者，可以立即获得那个较小的即时奖励；选择延迟奖励者，可以在主试承诺好的一段时间后获得延迟奖励。根据具体研究的特定目的，被试能够得到较大奖励的延迟时间长短可以不等，但通常都比较长，少则一天，多则一个星期、一个月，甚至更长的时间，157 天是迄今采用选择范式研究延迟满足所选用的最长的延迟时间。但是无论确定的延迟时间有多长，被试在实验时已经清楚明白，他一旦做出选择，就必须遵守自己的选择，不可以更改。在奖励物的选择上，一般来说较小与较大奖励均属于同类物品，它们只是在量的多少上有所差异；根据不同年龄段儿童喜欢物品的不同，可以选用多种类别的奖励物，只要保证两个同类奖励物之间价值差异的大小不能过大，也不能过小，即较大的奖励与较小的奖励相比要有足够的诱惑力可以引发大部分儿童的延迟选择，但还要确保较小的奖励也具有一定的诱惑力可以引发部分儿童做出即时选择。采用选择范式可以测量出被试的延迟选择偏好或延迟选择的冲动性，迄今在关于延迟满足问题的众多研究中有相当一部分是采用这种研究范式（Nisan & Koriat，1984；Mischel & Grusec，1967；Schwarz，Schrager & Lyons，1983；Mischel，1961a；Mischel，1961b；Mischel & Grusec，

1969；Moore & Clyburn，1976；Metzner，1963；Granzberg，1976；Sigal & Adler，1976；Granzberg，1977；Herzberger & Dweck，1978；Wulfert，Block & Ana，et al.，2002；Gjesme，1979；Lomranz，Shmotkin & Katznelson，1983；Bourget，1984；Koriat & Nisan，1977；Nisan & Koriat，1977）。

选择范式的优越性在于灵活性比较大，可以根据研究者的研究目的的不同，选择不同长短的延迟时间，或选择多种类别的奖励物，因此它不受被试年龄大小的限制，适用于从幼儿到成人等不同年龄段的被试。但是，它最根本的局限在于只是一种对延迟满足的间接度量，不能测出被试维持延迟选择的内部心理机制问题，不能测出被试维持延迟的真正能力。

进入 20 世纪 90 年代后，选择范式的操作和研究问题领域也发生了变化。有研究者应用此范式研究着眼于未来的亲社会性延迟满足行为或未来的情感决策行为。

例如，Thompson，Barresi 和 Moore（1997）在研究未来指向的审慎和利他行为的发展时，设计了这样的选择范式：他们让 3.1 ~ 5.8 岁幼儿参加一系列实验，在面对某种诱惑物时，被试幼儿需要在下述四种情境下做出选择：马上给自己一个（例如，粘贴画）或马上一人一个，马上给自己两个或马上一人一个，马上给自己一个或稍后给自己两个，马上给自己一个或稍后一人一个。每个幼儿要回答三组这样的问题，每组问题包含对这四个选择情境的一种诱惑物表征。

Moore，Thompson 和 Barresi（1998）在研究未来指向的亲社会行为发展与心理理论和执行功能发展的关系时，让 3.0 ~ 4.6 岁的幼儿参加一系列的实验，在这些实验中幼儿需要在立即得到粘贴画或延迟得到粘贴画中做出选择，而这些奖赏的受益人是自己、一个游戏同伴或是自己与游戏同伴分享奖赏。其中，在探讨与心理理论的相关关系的研究中，幼儿需要回答以下四个问题：马上给自己一个或稍后给自己两个，马上给别人一个或稍后给别人两个，马上给自己一个或稍后一人一个，马上给别人一个或稍后一人一个。在探讨与执行功能的相关关系的研究中，幼儿需要回答以下四个问题：马上给自己一个或稍后给自己两个，马上给自己一个或稍后一人一个，马上一人一个或稍后给自己两个，马上给别人两个或稍后给自己一个。

王月花（2007）在研究幼儿着眼于将来选择的情感决策能力时，采用了如下延迟选择任务范式：他们使用果冻形、糖果形的别针为诱惑物，要求3～4岁的幼儿在马上得到一个诱惑物还是游戏结束后得到两个诱惑物中做出选择。蒋钦（2008）在研究3～4岁幼儿观点采择能力与幼儿情感决策的关系时，设计了两个实验，前人研究也采用了类似的实验范式，只是实验条件有变化。实验一以粘贴画和糖果为奖励物，设计了3种不同的延迟选择任务（现在1个还是以后2个，现在1个还是以后4个，现在1个还是以后6个）以及两种实验条件（为自己选和为他人选）；实验二以巧克力为奖励物，设计了两个延迟满足选择任务（为自己选择的延迟满足、为他人选择的延迟满足），在为他人选择的延迟满足任务中，包含3种不同的实验条件（延迟满足提示条件、即时满足提示条件、无提示条件）。

二、选择等待范式

选择等待范式（waiting paradigm）是由社会认知心理学家Mischel及其同事在20世纪70年代首创的，如今已经成为测量儿童延迟满足自我控制（self-imposed delay of gratification）的最基本研究范式。这一范式的典型程序是：实验前要求实验者与被试主动接触，建立熟悉关系，在实验室内做一些热身游戏，以便消除被试实验时的恐惧心理。正式实验时，实验者让被试坐在一个桌子旁，桌子上有一个铃，向被试展示实验前已经确定好的具有不同期望价值的一对即时奖励物和延迟奖励物；然后，询问被试更喜欢哪一个物品，要求他在二者之间做出选择。如果被试选择前者，便可以马上得到满足，实验终止；如果被试选择后者，实验便继续进行，实验者需要向儿童介绍这个偶发事件：实验者说明他或她一会儿必须到这个房间外面去做一些工作，"如果你等到我自己回来，那么你就可以拥有这个（手指向儿童喜欢的物品）。如果你不想等了，你随时可以按铃把我叫回来。但是，如果你按了铃把我叫回来，你就不能拥有这个（手指向儿童喜欢的物品），你只能拥有这个（手指向儿童不太喜欢的物品）"。当验证被试对偶发事件理解以后，实验者离开房间，当被试按铃时回来或达到事先确定的标准延迟时间后回来。实验者可以在隔壁房间透过单向玻璃或监视器录像而观察到被试在等待过程中的一切行为反应。

一般来说，选择等待范式对延迟时间标准的规定比较固定，通常是15分钟，但有时是20分钟，这取决于特定的研究，这一标准比选择范式的延迟时间标准短很多；而且在这个较短的时间内，该范式从设计上却包括了对延迟满足的选择与维持两个阶段，使研究者可以得悉被试的选择偏好并度量延迟满足的等待时间和等待过程中所采用的延迟策略。因此，它特别用于测量年龄较小儿童（一般是3岁以上的学龄前儿童）的自我延迟满足。因为这一范式不仅关心被试的延迟选择偏好问题，更主要的是要关注被试如何调节自己的行为，以成功完成延迟等待任务，所以该范式施行的关键在于营造出一种高冲突的模糊等待的情境，即被试为了得到自己喜爱的奖励物而必须等待，但到底需要等待多久时间，对于被试来说又是模糊而不确定的，因为实验者在实验时并不告诉儿童他需要等多久；而在这一高冲突的模糊情境中允许儿童随时可以选择放弃延迟等待，而获得即时的满足，延迟完全是自己再施加的（self imposed），又被称为选择性延迟满足（choice delay），这也正是该范式区别于选择范式的一个重要方面。这一研究范式的创立者Mischel和Moore（1973）指出，为了能够成功营造出一种高冲突的模糊等待的情境，两种奖励物及其价值大小的确定原则是最重要的。首先，奖励物在实验前应被确定是符合相应年龄儿童的兴趣的物品。例如，对于学前儿童被试可以选择他们爱吃的食品作为奖励物，诸如夹果汁的棉花糖、巧克力豆、苏打饼干等；对于学龄儿童被试可以选择硬币作为奖励物，诸如在一些研究中选择便士、美分、镍币等。其次，两种奖励物价值大小的差异程度选择一定要恰切，其选择的原则是即时可获得的奖励与延迟奖励的差异必须足够大以能够维持一些延迟行为，但又要小到可以使即时选择或中途放弃延迟选择仍具有诱惑力。也就是说，要使两种奖励物在被试儿童的主观价值上有足够的差别，来确保儿童愿意为他们喜欢的物品而做出一定程度的等待，又要使其主观价值充分相似到能够阻止绝大多数儿童达到完成等待的标准。例如，在一些以学前儿童为被试的自我延迟满足研究中，选取一块棉花糖对应两块棉花糖，一个小棒状饼干对应两个小棒状饼干等；在一些以学龄儿童为被试的自我延迟满足研究中，选取一个镍币对应三个镍币，一包口香糖对应两包口香糖等

（Mischel & Moore，1973）。此外，依据特定研究的特定目的，奖励物的呈现形式与表征方式可以灵活调整。

三、选择工作范式

选择工作范式（working paradigm）可以说是选择等待范式的一种变式研究范式。延迟满足研究者为了进一步探究延迟等待过程中各种情境因素下的儿童的注意与认知机制的发展特点，在最初的、单纯的等待情境不变的基础上，在等待过程中加入了某种指向目标活动的工作任务，它实质上依然是建立在选择基础上的等待。例如，Patterson 和 Carter（1979）在一项对 4 岁学前儿童在工作情境与单纯等待情境下的自我延迟满足的对比研究中采用了如下这种必须工作的情境：奖励物是以奖状的形式给儿童发奖；当儿童不能等待或不能完成任务时得到带有一个星星的"good player"奖，能够等待和能够完成任务时可以得到一个更加令儿童期待的奖——一个在儿童名字后面贴上两个金色星星的"good player"奖。儿童在等待期间要完成的工作任务是：当实验者不在房间的时候，向一个由广口瓶改装成的色彩斑斓的小鸟的嘴里投弹珠，类似于喂小鸟。后来，Mischel 等人（2002）对 Patterson 的核心设计进一步加以改造，采用一种是非必须工作的情境（noncontingent work），它不要求儿童在等待的时候必须完成工作任务，而是告诉儿童在等待的同时"如果你愿意的话可以去喂小鸟"，Mischel 相应地延伸了工作情境的种类，将工作任务分成有趣的工作任务（喂鸟任务）和枯燥的工作任务（弹珠分类任务）（Peake，Hebl & Mischel，2002）。

选择工作范式出现的意义在于：首先，它扩展了单纯的被动等待延迟情境，使延迟满足研究范式且更加接近实际生活情境，从而提高了延迟满足研究范式的生态效度，因为在现实生活中，有时我们除了要为期望得到的奖励或目标而等待以外，还要同时完成各种指向目标的工作活动；其次，它确实为我们进一步研究延迟等待过程中儿童的注意与认知机制，以及各种情境因素对维持延迟满足的影响作用提供了研究途径；最后，这种研究范式的出现也启示更多的延迟满足研究者，可以针对自己特定的研究目的对延迟满足自我控制的等待范式加以改变，观察特殊变量的作用。例如，有研究者应用此范式来研究亲社会性的延迟满足行为。Kanfer，Stifter 和 Morris（1981）在研究利他结果对自我控制的作用时，设计了这样一个工作范式：儿童先做一项枯燥的任务，一段时间后，研究者给儿童两个选择：一个是停止工作去玩玩具，一个是继续工作并得到附加回报，但附加回报的受益者不同，分别是：一个匿名的儿童、一个同学、一个朋友、被试自己、被试自己和一个匿名的儿童，研究者根据不同的受益者将幼儿分为五个实验组和一个控制组（无附加回报）。

四、礼物延迟范式

礼物延迟范式（gift delay paradigm）是由 Funder 和 Block（1983）及其同事设计并使用的一种延迟实验任务。具体实验程序如下：实验者给学前儿童出示一个包装起来的礼物，并惊喜地说：“看，我在这发现了什么！这是给你的一个礼物！我在猜想它是什么东西呢！我把它放在这儿（放在儿童的右侧，且儿童刚好够不到的地方），当你完成了这个拼图你就可以拿到礼物了。”接着实验者开始描述这个“马戏团的拼图”，并帮助儿童完成拼图任务（4 分钟内结束）。在儿童做拼图游戏时，礼物仍在儿童的视线范围内。当拼图完成后，实验者忙于整理自己的文件（90 秒）。如果在完成拼图任务后的这个 90 秒的延迟期限内，儿童没有自发地去拿礼物，实验者就放下手中的文件，告诉儿童：“好了，你现在可以拿礼物了。”在整个拼图的 4 分钟时间以及在完成拼图后的 90 秒延迟时间里，实验者要记录被试所有指向礼物的言语行为和身体行为。延迟分数包括 4 个标准化的行为指标：延迟时间、指向礼物的言语行为、指向礼物的身体行为、打开礼物时的延迟行为（立即打开、回幼儿园的路上打开或把礼物放到柜子里带回家）。后来，有人（Grolnick，1993）把这一范式稍做改进，用于研究婴儿（2 岁儿童）的延迟满足，有时这种情境也被嵌入陌生情境测验中。其典型任务情境是向儿童呈现一个有吸引力的礼物刺激（例如，玩具电话、装在盒里的曲奇饼、打开包装的礼物），但是儿童在实验者允许其得到礼物之前，被告知不能碰这个礼物，经过几分钟（2 ~ 6 分钟不等，取决于特定的研究）的延迟等待才可以获得礼物（Raver，1996）。

与前述的三种延迟满足研究范式相比，这一范式具有如下特点。不需要被试自己做出延迟选择，延迟完全是外在强加的（external imposed），常常是成人或权威人士的要求，或外部环境所迫，而且被试中途也不可以自己选择放弃延迟，因而又被称为要求性延迟满足（required delay），不存在强烈的两难冲突，延迟时间标准都很短暂，适合年龄小的婴幼儿被试。这种范式测量的是儿童抵制冲动，控制自己不去拿礼物以及打开礼物的程度，体现的是个体相对真实的过度自我控制（ego overcontrol）倾向反应，是研究儿童抑制性控制发展的常用方法。

五、Newman 任务范式

这种延迟满足研究范式（Newman task）是由 Newman 及其同事（1992）设计的。它的基本模式是将延迟满足任务转化为被试的按键反应。实验的基本工具是一台计算机和一个与这台计算机相连接的具有两个按钮（push button）的反应盒（response box）。实验给被试提供 30 次在即时满足与延迟满足之间的选择机会。即时满足是，被试如果按一个键就会有 40% 的机会赢得一个镍币；延迟满足是，如果被试能够等待几秒钟（通常是 10～12 秒）去按另外一个键就会有 80% 的机会赢得一个镍币；二者的区别是能够延迟就会有更高的机会赢钱。被试的延迟分数是他在 30 次选择中做出延迟选择的时间的数量。实验时，实验者坐在被试身旁，当计算机屏幕呈现“你赢了”，被试就赢得一个镍币，实验者就从实现准备好的装镍币的碗中取出一个，放在被试的左侧身边。正式实验前，实验者告诉被试，他的任务是尽可能多赢些钱（Newman，Kosson & Patterson，1992）。

Newman 任务范式的优势在于：首先，该任务中提供的延迟情境无论是要获得即时奖励还是获得延迟奖励都是一种不确定的事情，它反映的是被试能否计划去等待，这与在现实生活中，有时人们尽管做出努力要赢得某些东西或达成一定的目标，但最终也有可能无法成功的情况很相似，所以它也具有较高的生态效度；其次，该任务范式包括 30 个独立的延迟满足选择反应，增加了被试可以选择的机会，而传统的延迟满足任务仅包含一个单一的延迟满足反应；最后，该任务范式可以产生正态分布的延迟分数，而传统的延迟满足任务时常容易产生较高的偏态分布情况，例如，Funder & Block（1989）采用礼物延迟范式和 Mischel 与 Ebbesen（1970）采用选择等待范式等研究的数据结果都是呈现偏态分布，正态分布可以使我们全面地分析延迟能力（Krueger，Caspi & Moffitt，1996）。但是，这一范式的局限在于其包含复杂的任务偶联性（contingencies），对于年龄较小的儿童来说，理解起来很困难，它只适用于研究年龄较大的青少年儿童；而且，这一范式还有消极的一面，就是它带有一点金钱赌博的性质。

六、自陈问卷范式

这种研究方法是请被试回答关于延迟满足的自陈问卷（self-report questionnaire）。例如，以往研究曾经使用过如下几种自陈问卷。Ray 和 Najman（1986）编制了包括 12 道题的延迟满足问卷。Brown 和 Gutsch（1985）编制了奖励物选择问卷，自陈指导语是关于四种不同的奖励物（钢笔、糖、苏打水和金钱），它们在数量与延迟时间上都不同。Rosebaum（1980）编制的自我控制量表中包含的延迟满足分量表。Bembenutty 和 Karabenick（1996）编制了专门测量大学生被试在学术情境下延迟满足的学业延迟满足量表（academic delay of gratification scale）。这种研究范式测量的是被试对自己在不同情境下的延迟满足倾向的自我知觉（self-perception），与前述的几种研究范式相比，被试既不亲临实际的延迟满足情境，也不得到实际的奖励物，它适用于研究成人的延迟满足。

第四节 延迟满足自我控制能力的研究历史

一、20 世纪 50 年代至 70 年代研究概况

在这一时期，Mischel 等人的研究引起人们对自我延迟满足问题的关注，研究者关心诸如父亲缺失、社会责任、社会学习、群体压力、社会经济地位等各种社会因素对个体延迟满足选择行为的影响。

最初 Mischel 等人将诱发延迟选择的技术应用于跨文化研究。1961 年，

Mischel 等人研究了父亲缺失这一消极社会变量对个体选择偏好的影响。结果发现，在 8～9 岁特立尼达（Trinidadian）黑人儿童和格林纳达（Grenadian）黑人儿童中，父亲缺失与更愿意选择即时的强化物之间有显著的关系（Mischel，1961a），且这种关系在同一种文化群体内不存在差异，在两种亚文化群体中也表现出跨文化一致性；但是，仅就延迟选择偏好问题而言，特立尼达黑人儿童比格林纳达黑人儿童更愿意选择即时满足，而不是延迟满足，延迟选择具有跨文化的差异。同年，他在另外一项跨文化研究中，探讨了延迟选择偏好与社会责任感、违法行为和对过去事件的时间陈述的精确性之间的关系。结果发现，在 12～14 岁的特立尼达黑人儿童中，违法组被试与不违法组被试之间有显著的差异，前者显示出对即时的、较小的强化物有更大的偏好。研究还发现，偏好即时的、较小的强化物的被试的社会责任感分数较低（Mischel，1961b）。

在社会学习理论的假设下，1965 年 Mischel 和班杜拉研究了四年级和五年级儿童对成人榜样示范行为的观察学习对其延迟选择的影响。结果发现，一方面，儿童选择即时奖励的倾向是易变的，可因看见成人的延迟满足示范而改变；另一方面，儿童选择较大的延迟奖励的倾向，也可以由于成人不这样做而发生改变（利伯特，1983，刘范译）。这可能说明榜样所产生的替代强化作用影响了个体对自己行为的调节。之后，Gregory 和 Yates（1974）研究了电影中成人的延迟榜样示范行为和言语劝说对 9 岁儿童延迟选择的影响。结果发现，凡是观看了成人的延迟榜样示范行为和言语劝说的实验组儿童，与无成人的延迟榜样示范行为和言语劝说的控制组儿童相比，表现出更多的延迟选择。

在现实生活中，人们往往需要在群体中做抉择，这种置身于社会和群体中的压力同样会影响到儿童的延迟抉择行为。Nisan 和 Koriat（1977）曾对 6～7 岁以色列儿童进行研究，试图探讨个人与群体在抉择上的异同。结果发现，男孩在同性别的群体中较倾向于选择延迟满足，但女孩在同性别的群体中则刚好相反，较倾向于选择即时满足。Nisan 尝试从“社群妥协”的角度对此进行解释。Granzberg（1977）的研究对 8～13 岁儿童首先进行单独延迟选择实验（即时小奖励还是延迟大奖励），一年后参加同样测试，实验组在群体中做抉择（被试混在新编排的全班同学中），控制组则仍是单独做抉择。结果发现，实验组儿童置身的四个班级同学中，有三个班差不多是一致地选择延迟奖励；但当儿童单独做抉择时，是较倾向即时奖励的（包括相隔一年的前后两次测试）。对此 Granzberg 以“同伴压力”进行解释。

Herzberger 和 Dweck（1978）的研究则发现，社会经济地位对延迟选择的影响不大，中产阶级的白人儿童、低产阶级的白人儿童与低产阶级的黑人儿童之间在两种奖励物的吸引力程度，以及实际的延迟选择上都没有表现出显著的差异。

二、20 世纪七八十年代研究概况

在这一时期，研究者不再关注于影响个体延迟满足选择的社会因素，而开始转向对认知等非社会因素的关注。研究焦点转向对个体延迟满足选择的内部心理机制的探讨，Mischel 等人则将研究重点放在儿童维持延迟满足等待行为的注意与认知机制上，掀起了延迟满足自我控制问题研究的高潮。

这一时期的研究可以清晰地分为两条线索：其一仍然是围绕延迟满足选择问题，主要倾向于情绪、心理冲突、认知发展对延迟满足选择的影响机制的研究，并对社会学习理论观点提出了挑战；其二就是 Mischel 等人在这一时期首创了延迟满足选择等待实验范式，使延迟满足问题的研究在研究方法上有了重大历史性突破，从此他们开始对维持儿童延迟满足等待行为的注意与认知机制展开深入研究。

（一）第一条线索，围绕情绪、心理冲突、认知发展对延迟满足选择的影响机制，一些研究对社会学习理论观点提出了挑战

Moore 和 Clyburn（1976）将 76 名 3 ~5 岁儿童随机分成积极情绪组、消极情绪组和中性情绪组，探讨了情绪状态对学前儿童延迟选择的影响。在积极情绪组中，先是引导儿童思考快乐的事情引发积极的情绪，然后在一个即时奖励（一根饼干棒）与一个延迟奖励（一根棒棒糖）中做出选择；在消极情绪组中，先是引导儿童思考悲伤的事情引发消极的情绪，然后再做出选择；在中性情绪组中，则是让儿童数数，然后再做出选择。结果发现，做出延迟选择的儿童人数随着情绪从悲伤到中性再到快乐呈现上升的趋势，总体差异显著。其中，消极情绪组选择即时奖励的人数显著多于中性情绪组和积极情

绪组；而中性情绪组与积极情绪组之间差异不显著；积极情绪组选择延迟奖励的人数显著多于消极情绪组。他们认为，积极的情绪促使儿童增加了对挫折容忍的意志力和坚信能够为了得到延迟奖励而等到要求时间的预期可能性；而消极的情绪则降低了对挫折容忍的意志力和坚信能够为了得到延迟奖励而等到要求时间的预期可能性。Schwarz 和 Pollack（1977）在研究中，通过言语诱导去想象快乐和悲伤的经验而使被试感染到积极的和消极的情绪。小学生被随机分配到实验组和控制组。实验组按照对两种情绪的操纵分为先积极后消极组、先消极后积极组、前后都是积极组、前后都是消极组。前两个实验组在前后每次情绪感染后都进行延迟选择偏好的测量，后两个实验组只在第二次情绪感染后进行延迟选择偏好的测量。结果发现，消极的情绪感染导致的延迟选择显著低于积极情绪感染导致的延迟选择。

Nisan 和 Koriat 认为，Mischel 等人从社会学习理论的角度对自我延迟满足现象的解释并不完全正确。他们首先从精神分析理论的立场出发，认为延迟选择可能是快乐原则与现实原则之间冲突的结果。为此，Koriat 和 Nisan（1977）研究了延迟选择中的心理冲突问题。他们让 5 年级儿童回答两个假设的延迟满足问题。第一个问题要求被试为自己在一个即时奖励（立即可获得的价值 1 镑的巧克力）与一个延迟奖励（两个星期后才可获得的价值 1.5 镑的巧克力）之间做出选择；第二个问题要求被试假设出另外一个聪明的孩子在一个即时奖励与一个延迟奖励之间会做出怎样的选择。其中，一半被试先回答第一个问题，后回答第二个问题；另一半被试回答问题的顺序正好相反。结果发现，不存在显著的顺序效应和性别效应，但存在显著的选择效应，即在为聪明孩子与为自己做出选择相一致的被试中，做出延迟选择的人数显著多于做出即时选择的人数；在为聪明孩子与为自己做出选择不一致的被试中，为聪明孩子做出延迟选择而为自己做出即时选择的人数显著多于为聪明孩子做出即时选择而为自己做出延迟选择的人数。这说明在延迟选择的过程中，个体将延迟选择判断为一种聪明的明智的选择（现实原则的作用），但却不能抵制即时满足对自己的诱惑（快乐原则的作用），这种心理冲突导致了个体更多为聪明的孩子做出延迟选择，而为自己做出即时选择。Nisan 和 Koriat（1977）同年的另一研究是将研究被试换作 5 ~ 6 岁的学前儿童，让他们为自己、为聪明的孩子、为愚蠢的孩子分别在一个即时奖励（立即可获得的一块糖）与一个延迟奖励（明天才可获得的两块糖）之间做出选择。结果发现，为聪明孩子做出延迟选择比为自己和愚蠢孩子做出即时选择的被试人数显著多，且不存在显著的顺序效应。结果同样说明了心理冲突在延迟选择过程中的确起重要作用。

其次，Nisan 和 Koriat 又从认知发展理论的立场出发，认为延迟选择必须以个体认知建构的发展为前提。Nisan 和 Koriat（1984）研究了认知再建构对延迟满足选择的影响。他们以 5～6 岁以色列儿童为研究对象，以今天就可以得到一条巧克力作为即时奖励物，明天才可以得到两条巧克力作为延迟奖励物，做了一系列延迟选择的实验。

实验一的第一个任务是实验者先向被试儿童介绍一位与他不在同一幼儿园的小朋友 Yosi（男孩）/Anat（女孩），然后告诉他，Yosi/Anat 画了一幅漂亮的画，可以得到奖励，可是 Yosi/Anat 不知如何对这两种奖励做出选择，请被试告诉实验者该怎么选，实验者会把他的建议告诉 Yosi/Anat 的。儿童做出选择后，将儿童分成 3 组做第二个任务，在所有选择即时奖励的孩子中，每 4 个人一分组，其中 1 号和 3 号进入矛盾原因组，2 号进入矛盾信息组，4 号进入控制组；在所有选择延迟奖励的孩子中，也按照同样的方法分组。对于矛盾原因组的儿童，实验者先向他介绍一位与他在同一个幼儿园的小朋友 Danny（男孩）/Dorit（女孩），然后告诉他，Danny/Dorit 画了一幅漂亮的画，选择的奖励是一条巧克力/两条巧克力。实验者根据这个被试儿童在第一个任务中的选择而确定与之相反的选择来说。然后，实验者问被试儿童，Danny/Dorit 为什么会做出这样的选择，实验者尽可能地得到更多的与儿童前期选择相矛盾的原因回答。对于矛盾信息组的儿童，实验者先向儿童呈现三幅画，并告诉他另外一个小朋友认为某幅画最好，问他他认为为什么那个小朋友会更喜欢这一幅画，然后实验者顺便又说："我忘了告诉你昨天我在幼儿园的时候另外一个叫 Danny/Dorit 的小朋友也画了一幅漂亮的画，他选择的奖励是一条巧克力/两条巧克力。"实验者根据这个被试儿童在第一个任务中的选择而确定与之相反的选择来说。但实验者并不问明原因，只是向儿童提供一种矛盾的信息。控制组的儿童只执行矛盾信息组儿童前期的选画任务，而不接受任何矛盾原因和信息。接下来的第三个任务是实验者让所有的儿童为自己在延迟与即时奖励物之间做出选择。研究者的假设是，儿童推荐其他小朋友做出的选择与自己的实际选择应该是一致的，结果控制组与矛盾信息组儿童的结果都基本支持了假设，即有 81% 的儿童的第一、第三任务选择一致；而在矛盾原因组儿童中，有 43.9% 的儿童的选择发生了变化，且这种变化以最初选择即时奖励的儿童居多，显著多于最初选择延迟奖励的儿童。这样的结果支持了延迟满足发展的认知发展理论，即矛盾原因组儿童说明矛盾原因的认知再建构过程对他的实际选择产生了影响，特别是对于最初选择即时奖励的儿童来说。

研究者将儿童在实验一中指出的矛盾原因分成两类，一类是主观情绪原因，另一类是客观推理原因，并进一步做了实验二，考察这两类原因对儿童延迟选择的方向性及稳定性的影响问题。实验二的第一个任务与实验一的第一个任务完全相同，不同的是在第二个任务中，儿童被分配到主观情绪原因和客观推理原因两个组。在所有选择即时奖励的孩子中，每两个人分一组，1 号进入主观情绪原因组，2 号进入客观推理原因组；在所有选择延迟奖励的孩子中，也按照同样的方法分组。在客观推理原因组中，实验者先向被试介绍一位与他在同一个幼儿园的小朋友 Danny（男孩）/Dorit（女孩），然后告诉他，Danny/Dorit 画了一幅漂亮的画，选择的奖励是一条巧克力/两条巧克力。实验者根据这个被试儿童在第一个任务中的选择而确定与之相反的选择来说。并告诉他 Danny/Dorit 这样选择的原因，如果是选择了延迟奖励，原因就是他/她想得到更多巧克力，而选择明天的就可以得到更多的巧克力；如果是选择了即时奖励，原因就是他/她想快点得到巧克力，而选择今天的就可以快点得到巧克力。然后问被试儿童他怎么看待 Danny/Dorit 这样的选择。在主观情绪原因组中，实验者陈述的指导语除选择的原因外，其余与客观推理组完全一样。对于两种选择，实验者陈述的主观情绪原因是一样的，即 Danny/Dorit 说他/她非常喜欢巧克力，它味道好，所以想得到这个奖励。然后也问被试儿童他怎么看待 Danny/Dorit 这样选择的原因。接下来的第三个任务是实验者让所有的儿童为自己在延迟与即时奖励物之间做出选择。为了考察矛盾原因对延迟选择影响的稳定性问题，三个星期后，研究者又重复了第三个任务，即让被试儿童为自己做出选择的任务。研究者认为，区分非建构到建构的两条标准是方向性和稳定性。实验二的客观推理组的结果支持了矛盾原因是具有建构性质的观点。第一，儿童选择变化的产生是按照延迟选择提高的发展方向进行的；第二，只有这种发展方向的变化才显示出稳定性。

（二）第二条线索，Mischel 等人开始对维持儿童延迟满足等待行为的注意与认知机制展开深入研究

一个人最初的延迟满足并不能证明最终将要观察到的行为，因为尽管在一些情境下，我们并没有放弃决定的改变，但我们确实有那样的机会来诱惑我们终止延迟满足（杨丽珠，1995）。所以，有必要研究个体是如何使自己维持延迟满足的。Mischel 等人对儿童延迟满足自我控制的注意与认知机制的研究相当全面，涉及对奖励物的注意程度、对奖励物的心理表征、元认知能力、观念诱导、情绪、言语能力、不同的延迟情境等因素对儿童维持延迟满足等待行为的影响作用。

1. 对奖励物的注意程度

根据以往有关注意与意志力和自我控制之间关系的理论，Mischel 的研究假设是儿童对奖励物的注意会促进儿童的等待行为。以这样的假设为出发点，Mischel 和 Ebbesen（1970）进行了一项经典的研究。他们为了操纵儿童在等待时对奖励物的注意程度，巧妙地设计出四种不同的奖励物呈现情境，同时相应地提出四种预期：①即时的和延迟的奖励物同时呈现，最有利于度过等待的时间，因为这种情境可以容许被试将两种结果进行对比，有可能使他自己提出有力的理由和自我指导来帮助他等待足够长的时间，以便得到他希望的奖励；②只呈现延迟的奖励物，在没有即时奖励引诱的情况下，延迟可以达到最大限度；③只呈现即时的奖励物，延迟等待的时间要短于前两种；④两种奖励物都不呈现，会使延迟时间最难度过，从而使等待时间最为短暂。然而实验的结果与他们所预期的正好相反。在两种奖励物都不呈现的情境中，平均等待时间最长（平均等待 11 分钟）；在只呈现即时奖励物的情境中，平均等待时间次之（平均等待 6 分钟）；在只呈现延迟奖励物的情境中，平均等待时间较少（平均等待 5 分钟）；最后，在两种奖励物同时呈现的情境中，

平均等待时间最短（平均等待 1 分钟）。他们从下面两个方面来解释这种结果。

首先，在等待的过程中，一些儿童采用了引人注目的等待策略。他们想出了一些巧妙的使自我分心的技术，借以在心理上从事于除等待之外的其他某种事情。他们不是长时间集中注意等待的对象，而是避免注视它。有些儿童用手遮住眼睛，把头支在手臂上，并找到其他类似的一些使视线避开奖励物的手段。有许多儿童似乎是用自己想出的消遣方法来减轻延迟奖励的折磨：他们和自己谈话、唱歌，用自己的手和脚做一些游戏，甚至试着在等待时睡觉。这说明把注意自延迟奖励转移到别处（同时把行为维持在指向其最终的目标上），可能是度过等待时间的关键。其次，根据“无奖赏挫折”理论（frustrative nonreward theory）（Amsel，1958，1962；Wagner，1966），当希冀奖励而奖励不出现时，就会引起初步的挫折反应。按照这种说法，希冀奖励的心情越迫切，则感受到挫折体验也就越严重。因此，奖励物的存在就会增加挫折的影响，从而使等待变得更加困难，以致减少满足的延迟；但是减少儿童对奖励的注意，就可以使他在继续有目的的等待时不感到那么厌倦，从而愿意为了延迟的满足而等待较长的时间。

为了进一步了解儿童自我延迟满足的注意和认知机制，并验证挫折理论的适应性，Mischel，Ebbesen 和 Zeiss（1972）又以两种奖励物同时呈现作为基本情境设计了一系列实验。在实验一中，成人提供两种分心方式：外部分心活动，即儿童在等待过程中可以玩主试提供给他们的玩具；内部分心活动，即主试指导儿童想愉快的事情。对控制组儿童没有给予任何分心指导。结果发现，无论在哪种分心方式下，实验组儿童的等待时间都长于控制组。但这两种方式对儿童自我延迟满足作用的差异不显著。在实验二中，他们进一步考察了不同认知分心内容，即想快乐的事情、想悲伤的事情、想奖励物，对自我延迟满足的影响。结果发现，想快乐的事情有助于延迟等待，而想悲伤的事情与想奖励物没有显著差异。在实验三中，主试在离开房间之前，将奖励物装进盒子放到桌子下，在此基础上指导儿童“想着奖励物”“想快乐的事情”，以及不给予任何指导。结果发现，指导儿童“想着奖励物”的平均等待时间最短，“想快乐的事情”与无指导的情况下等待的时间较长，而且两者之间不存在显著差异。将三个实验结果相结合，Mischel 等人得出结论认为，儿童有效的延迟依赖个体从奖励物上转移注意或认知分心。各种外部或内部的分心活动都有助于儿童对延迟的维持。

2. **对奖励物的心理表征**

Mischel 和 Moore（1973）还进行了奖励物在儿童头脑中的心理表征对自我延迟满足影响的研究。结果表明，对奖励物的象征性表征（心理表征或表象）可以促进延迟的维持。在一项研究中，他们以与实物大小相同的幻灯片形式向被试呈现奖励物的象征性表征，结果发现，这可以增加被试延迟的时间，而且呈现与奖励物相关的、表象比呈现与奖励物不相关的物体的表象或空白幻灯片更有助于延迟行为。为了进一步验证对奖励物心理表征的重要作用，Mischel，Moore 和 Zeiss（1976）又设计在延迟期间，指导被试对呈现的刺激进行认知转换，即把呈现的真实刺激想象成奖励图片，而把奖励图片想象成真实的奖励。结果发现，无论实验时呈现的是奖励物的图片还是真实的奖励物，当指导儿童想象奖励物的图片（认知表征）时，平均等待时间都较长（平均等待 18 分钟），而无论实验呈现的是奖励物的图片还是真实的奖励物，当指导儿童想象真实的奖励物时，平均等待时间都较短（平均等待 6 分钟或 8 分钟）。这说明对奖励物的抽象的认知表征有助于延迟行为。在 Mischel 和 Moore（1980）另一项研究中，他们不但得到了与先前研究一致的结论，而且还在延迟等待期加入了观念的指导，结果发现，在延迟偶发事件中，关注奖励物各方面品质的指导，导致了最短时间的延迟。上述的结论都说明，对奖励物的抽象认知表征有助于延迟，而对实际奖励物的注意，无论是真实存在的，还是观念想象的，都阻碍了延迟。

对上述有关奖励物心理表征的研究结果，Mischel 等采用了刺激物特征理论（Berlyne，1960；Estes，1972）来解释。一个刺激可能具有一个动机激发（唤醒）功能和一个线索（信息的）功能。刺激物在头脑中的表征也是以这两种方式存在的，即一种是唤醒的、动机激发的表征方式，另一种是抽象的、信息的、图像的表征方式。对奖励物的唤醒表征会激发“热”效应，它与经历、体验或消费奖励物紧密相连，如吃掉甜饼或玩想玩的玩具。当儿童去看或想实际的目标物时，他们已自发地集中在唤醒的特征上，因此体验到的挫折感不断增加，使继续等待十分困难。为了释放这种紧张感，个体就会按铃终止等待。相反，应用图像表征，注意的焦点更多地放在刺激物的信息的、“冷的”或非消费的特征上，这些特征会提醒被试等待与奖励的因果关系。因此，图像表征有助于指导或维持目标指向的延迟行为。所以，以幻灯片形式呈现的奖励物的象征性表征可以增强刺激物的线索功能，而抑制他们的唤醒效应，从而增强了等待（Mischel，1996）。

但是，皮亚杰和英海尔德（Piaget & Inhelder，1966）曾指出，儿童在1.5～2岁时，开始出现表象和象征性的功能，而发生关键性转变的年龄则在7～8岁，即在这个时候儿童开始建立“预见表象”，它使儿童可以以更多抽象的、较少静止的心理转换的方式来预见新的结果。所以，奖励物在儿童头脑中以一种什么样的发生来表征，以及是否应用表征，还与儿童的思维发展水平，即从具体形象到抽象表征的发展有关。Mischel 的研究也说明年龄较大的儿童更多地使用抽象表征（线索的、信息的表征），而年龄较小的儿童更多地使用具体形象表征（唤醒的实物表征）。

3. 元认知能力

元认知是指对认知的认知。在儿童延迟满足自我控制中，元认知也起着重要的作用，这主要体现在儿童对自己选择的有效延迟策略的认识。为了研究延迟满足过程中元认知知识的发展，Mischel H. N. 和 Mischel W.（1983）询问3～8岁的儿童，如果让他们在自我强加的延迟范式中进行等待时，是更偏爱于让奖励物暴露，还是让奖励物被遮蔽。4岁以下的儿童对遮蔽和暴露奖励物没有偏好，他们总体上来说不能判断他们的选择，而主要是猜测。而4～4.5岁的儿童对暴露奖励物的等待有强烈的偏好，因此就选择那些使他们的等待变得不可能的策略。这个对自我控制坏策略的偏好当然是与归属于这一年龄组的“消极的”和固执的行为模式相适应的。只有到了5岁末时，儿童才显示出对隐蔽奖励物的等待的清晰偏好，而且开始提供了他们选择的原因，这表明他们理解了遮蔽期待的奖励物可以减少挫折的这种效应。另外，他们也研究了儿童是否更偏爱于理解任务倾向的观念或消费性观念（例如，奖励物多好啊）。5岁以下的儿童，相对于消费性观念没有显示出对任务倾向观念的偏好。但是到了5岁，他们开始显示出对任务倾向观念的清晰偏好。

随着年龄的增长，他们做出这样选择的原因开始变得更加清晰明了：年长的儿童更经常地意识到告诉他们自己对奖励物的特质的期待只能使他们的等待变得更加困难。而且，研究还发现，到了6年级，儿童已经知道了选择抽象观念（例如，把棉花糖想象成白云），而不是消费观念的重要性；3年级或3年级以下的儿童对这一规则的认识是不明显的。大约在与皮亚杰所说的运算思维相同的发展阶段，抽象的规则开始变得可以评估，这种运算思维就是那种使抽象策略变为可能的心理操作。

4. 观念诱导

Mischel和Underwood（1974）在一项研究中探索了观念诱导的类型（工具性与非工具性的观念诱导）、奖励物的表征形式（实物与幻灯片）、奖励物与延迟相关与否（相关与不相关）对延迟维持的影响。结果发现，在呈现相关的奖励物实物时实施工具性观念诱导，即让儿童思考或看奖励物可以使实验者快点回来，儿童的延迟时间最长；另外，无论奖励物的表征形式如何、奖励物与延迟相关与否，只要实施了这种工具性观念诱导，都比实施非工具性的观念诱导，即不提示儿童思考或看奖励物可以使实验者快点回来的儿童延迟时间要长。

5. 情绪

在Mischel等人（1972）的研究中，在不呈现奖励物的前提下，儿童在等待的过程中思考快乐的事情，他们最终等待的时间平均不超过1分钟，但在呈现奖励物的延迟满足自我控制实验情境中，想一些有趣的事情却能够使儿童等待较长的时间（Funder & Block，1989）。Yates，Lippett和Yates（1981）的研究还表明，积极的情绪感染可以促进8岁儿童的延迟行为，但对4岁儿童的延迟行为不起什么作用。但是，当对4岁儿童进行积极的情绪感染的同时辅以特定的指导语，让其进行积极的思考，便促进了延迟的增强。在延迟满足自我控制情境中，随着时间的加长，延迟期间本身所固有的挫折也越来越大，这便给儿童提供了一个机会——对即时奖励和延迟奖励的价值重新进行审视和评价，这种理性认知的结果可能会使延迟奖励的价值降低，会使即时奖励的价值有所增加，从而影响到他们最终对奖励的选择。

6. **言语能力**

儿童的言语能力是制约儿童延迟满足自我控制发展的重要因素。Rodriguez，Mischel 和 Shoda（1989）的研究发现，儿童的言语智商与注意分配呈正相关，如果控制注意分配的中介效应，言语智商与延迟时间同样呈正相关。Toner 和 Smith（1977）研究了外显的自我言语对学前女童延迟满足延迟维持的作用。结果发现，自语关于等待的好处和自语与等待不相关的内容的学前女童的延迟时间比自语关于延迟奖励物的学前女童要长。Toner，Lewis 和 Gribble（1979）研究了评价性言语对延迟满足延迟维持的作用。结果发现，当儿童的言语表现焦点是奖励物时，无论是积极性的还是消极性的，其延迟时间都短于无言语表现的控制组儿童。当儿童的言语表现是评价延迟行为时，表现出积极言语评价的儿童的延迟时间要比无言语表现的控制组儿童要长，而表现出消极言语评价的儿童的延迟时间长短与无言语表现的控制组儿童没有显著差异。Miller，Weinstein 和 Karnio（1978）在研究中，让延迟满足自我控制情境下的幼儿和 3 年级的儿童接受四种处理：无言语指导、不相关言语指导、刺激物相关言语指导和任务相关言语指导。结果发现：不相关言语指导促进年幼儿童的等待，但对年长儿童的作用不明显。刺激物相关言语指导对年幼儿童影响不大，但明显降低了年长儿童的延迟时间。任务相关言语指导对年幼儿童和年长儿童的延迟行为均有促进作用。这说明，言语的语义内容对年幼儿童的作用是有限的，言语的作用更多体现在对刺激物的注意转移上；而随着年龄的增长，言语的语义内容已经能够指导儿童的行为，3 年级儿童已经能够用内部的自我言语指导行为。

7. **不同的延迟情境**

如我们前面已经论述的，自我施加的延迟满足情境（SID）本身的改变，例如，奖励物呈现的不同方式（如奖励物是否呈现或是否同时呈现、奖励物的暴露与遮蔽、实物奖励与图片奖励等）、奖励物之间的价值差异和是否存在依随关系会改变延迟等待的挫折程度，从而影响完成延迟满足的困难程度。

在日常生活中，还存在外部施加的延迟情境（external-imposed delay，EID）。两种延迟满足情境都要求对延迟结果的等待，所不同的是前者中个体在做出延迟等待决定以后，在等待的过程中可以随时终止延迟，而选择即时满足；而后者中个体一旦做出延迟的决定后，不能再进行选择，只能等到延迟结果的到来。也就是说，两种延迟情境在终止延迟选择的机会上是不同的。Miller，Weinstein 和 Karniol（1978）的研究表明，这样两种延迟情境所涉及的认知和动机因素是不同的。在 SID 中，儿童对奖励物的注意会阻碍延迟；而在 EID 中，儿童对奖励物的注意则会有助于其度过延迟等待的时间。Yates 和 Mischel（1976）的研究也得到了类似的结论。可见在两种延迟满足情境中，涉及的儿童的原动力不同。

无论是自我强加的（SID）还是外在强加的（EID），它们都是一种单纯等待的情境，在日常生活中，有时我们除单纯等待外，还要在等待的过程中做些事情才能获得我们期望的奖励目标。从理论上讲，有两种加工可能影响工作情境中注意和延迟之间的关系。一种可以称作动机假说，认为对奖赏物的注意能增加延迟时间，是因为不能等待的挫折促进并维持了为完成任务而进行的有益的行为；另一种假说可以称作分心假说，认为偶然的工作活动本身提供了一种分心，使注意从奖励物上转移开，这样就降低了延迟满足的挫折，并延长了延迟时间。Patterson 和 Carter（1979）研究了 4 岁儿童在工作情境中或者单独等待情境中的延迟满足自我控制差异。即时奖励物是带有一个星星的“good player”奖状；延迟奖励是在儿童名字后面贴上两个金色星星的“good player”奖状。儿童的工作任务是当主试不在房间时，向一个由广口瓶改装成的色彩斑斓的小鸟的嘴里投弹珠，类似于喂小鸟。相反，等待情境中要求那些儿童在漂亮的容器面前安静地坐着。对一半的儿童在延迟阶段呈现奖励物，对另一半儿童在延迟阶段不呈现奖励物。结果发现在等待情境中呈现奖励物时，儿童的延迟时间缩短了；而工作情境中呈现奖励物能延长延迟时间。当奖赏物在注意范围内时，学前儿童在工作中的延迟时间比单独等待明显要长。他们推断：在自主等待情境中，儿童对奖励物的注意使被试的自控减弱，他们对于加快得到所喜爱的奖励物无能为力。而在工作情境中，不能获得奖励物的挫折感使被试努力地去完成工作。他们分析认为：在两种情境中对奖励物的注意都具有挫折感，然而，不同的刺激机制来自两种不同的情境（工作及等待情境）对奖励物注意所产生的挫折感。在等待情境中儿童不能采取任何行动来得到他们所喜爱的奖励物，那么对奖赏物的注意就会导致延迟的终止。在工作情境中，对奖励物注意的挫折感直接指向目标明确的工作任务，因此促进了延迟，支持动机假说。在前面论述对奖励物的注意程度对延迟维持的影响时，我们曾提到，Peake，Hebl 和 Mischel（2002）的研究结果实质上支持了分心假说。但是，Mischel 等人也认为，当工作对儿童来说很枯燥时，不同的动机会起到一点作用。

Fry 和 Preston（1980）以 308 名中产阶级家庭的 8～11 岁儿童为被试，研究了工作和单纯等待情境、必须工作和非必须工作情境、与延迟奖励物相关的工作情境和与延迟奖励物不相关的工作情境中延迟满足的差异。结果发现，在必须工作和与延迟奖励物相关的两种工作情境中，延迟时间最长。这说明，对于促进延迟维持，让儿童做一些事情比什么都不做的单纯等待要好；要求儿童为了获得延迟奖励而必须完成特定的工作比非必须完成特定的工作要好；儿童所从事的工作与被许诺可获得的奖励物直接相关比不相关更具有指导性，因而更好。

三、20 世纪 80 年代到 90 年代研究概况

（一）针对亲社会延迟满足选择倾向的研究

国外于 20 世纪 80 年代出现了把亲社会行为与延迟满足结合起来的实证研究，而且对这种行为有不同的命名，如“为他人的延迟满足”“未来指向的亲社会行为”等。这些研究成果大多集中在对幼儿亲社会延迟满足选择倾向的相关影响因素的研究上。

1. 同伴关系与亲社会延迟满足选择倾向

Kanfer，Stifter 和 Morri（1981）在其名为“自我控制和利他主义：为他人的延迟满足”的研究中，使用一种改进的延迟满足的研究范式考察利他结果对自我控制的影响。在实验一中，幼儿被分为 6 组，每组的区别只在于幼儿完成枯燥任务后受益人的不同，每组的受益人分别是一个匿名的儿童、一个同学、一个朋友、被试、被试和一个匿名的儿童以及一个控制组，控制组的被试不会得到附加回报。研究者又把被试分为决定不工作、工作但没坚持到最长时间、工作且坚持到最长时间三组，并做统计分析。分析结果表明，

实验条件（不同的受益人）对幼儿是否做出工作决定有显著的影响，不同组的差异检验显示，为匿名儿童工作组与为自己工作组的差异显著，同时也与为熟悉的朋友工作组的被试差异显著；同样，为同学工作组与为自己工作组的差异显著，与为熟悉的朋友工作组的差异接近显著；但为自己工作组与为熟悉的朋友工作组的差异不显著。因此研究者指出被试工作或不工作的决定受被试与受益者关系的亲密性的影响显著。这一实验结果同时也验证了利他结果的主观刺激价值与被试和受益者之间的关系存在着多重复合（Mischel & Moore，1973）。虽然同伴关系决定了被试是否愿意继续工作于枯燥的任务，然而被试一旦做出继续工作的决定，那么在枯燥任务中的工作量在不同的受益者间的差别是不显著的。

在这一研究的实验二中，使幼儿处于一种延迟的自我控制的情境中，并评估他们工作于枯燥任务的持续性，枯燥任务的受益人分为三类：自己、一个认识的朋友、一个匿名儿童。结果表明，幼儿在为自己而工作时的工作时间最长，而在为一个匿名儿童而工作时的工作时间最短，但是为自己而工作与为一个认识的朋友而工作的工作时间差异不显著，也就是说当被试是任务的直接受益者时，他们的工作时间最长，但是当受益者是认识的朋友时，即使自己的回报减少，被试仍愿意为任务而忙碌。这一结果不仅与先前的关于利他主义的强化功能的研究相一致，而且更进一步证实了同伴关系的亲密程度能影响这种自我控制的过程。Kanfer，Stifter 和 Morris（1981）的研究不仅验证了同伴关系会影响幼儿为他人的延迟满足，更支持了延迟满足范式在研究利他主义时的实用性。

2. 选择情境、年龄与亲社会延迟满足选择倾向

Thompson，Barresi 和 Moore（1997）在其一项名为“学龄前儿童未来指向的审慎和利他的发展”的研究中指出，儿童在亲社会行为方面更深远的变化发生在学龄前末期，这一时期儿童可以表现出未来指向的推理和延迟满足。他们的研究是以儿童喜欢的小粘贴画为诱惑物，并设置了不同的选择情境，包括：第一个选择是马上给自己一个粘贴画或者自己和同伴马上各得到一个粘贴画（分享）；第二个选择测量的是当需要自己付出代价时的分享行为（分享代价），这里的选择是马上为自己得到两个粘贴画与马上为自己和同伴各得到一个粘贴画，因此选择分享就包括了牺牲自己的一个物质奖赏；第三个是延迟分享的选择，这里的选择是马上为自己得到一个粘贴画或者一会儿为自己和同伴各得到一个粘贴画（延迟分享）；第四个选择是一个简单的延迟满足选择，在这个选择中儿童需要在马上为自己得到一个粘贴画和延迟得到两个粘贴画中做出选择。

Thompson 等人（1997）研究发现所有年龄段的学前儿童在非延迟选择情境下都选择和同伴分享；但是与没有分享代价的情境相比，在有分享代价的情境中这种分享倾向却有了某种程度的减少（分别是 65% 和 85%）。对各年龄段幼儿的选择倾向进行比较，发现在任何一种情境中的分享倾向没有不同，即 3 岁儿童选择分享的人数与 5 岁儿童选择分享的人数同样多。3 岁儿童在两个延迟选择中倾向于选择即时的自我满足；与两个立即分享（分享和有代价分享）的情境相比，在延迟分享情境中他们更少地选择分享。这说明，尽管 3 岁儿童可以在需要自己付出物质代价的情况下与另一个人分享奖赏，但让 3 岁儿童放弃即时满足而去做亲社会行为还是相当困难的。然而，这种困难不只是表现在他人指向的亲社会行为中，因为 3 岁儿童也很难为延迟获得两个粘贴画而放弃即时回报。同时，3 岁儿童为分享而选择延迟的倾向与为将来获得最大回报而延迟的倾向有显著相关。而 4 岁儿童不论是为了使他们自己获益还是使他人获益，都有能力抵制即时满足的诱惑而更经常地选择延迟满足。

Thompson 等人（1997）在解释他们的结果时指出，在为自己或为分享而选择延迟时，儿童必须放弃一个即时奖赏来帮助他人获得想象中的、将来的奖赏，在这里其他人可能是自己也可能是另一个人。选择延迟的动机来自对想象的、未来情境中的个体的移情。那么，在这种感受下，为将来的自己获益或是为将来的他人获益而选择延迟是相似的，因为在这两种情况下的选择都是基于对某些人的将来的兴趣的想象以及对这些兴趣的移情。这样看来，情感和认知因素对于帮助处在困境中的他人的这种亲社会行为的早期发展都具有重要意义。

3. 心理理论、执行功能与亲社会延迟满足选择倾向

Moore，Barres 和 Thompson（1998）在他们的另一项名为“未来指向的

亲社会行为的认知基础”的研究中，通过两个实验来考察未来指向亲社会行为的发展与发展中的心理理论和执行功能的关系。研究者让3.0~4.6岁的幼儿参加一系列的试验，在这些试验中幼儿需要在立即得到粘贴画或延迟得到粘贴画中做出选择，而这些奖赏的受益人是自己、一个游戏同伴或是自己与游戏同伴分享奖赏。同时被试还要参加标准心理理论任务（实验1），来评定被试对信念和愿望的理解；以及执行功能任务（实验2），在这个任务中幼儿需要通过抑制指向装有诱惑物的盒子的行为来得到盒子里的曲奇。结果显示，对于4岁幼儿来说，为了与同伴分享而选择延迟奖赏的倾向与心理理论有关。对于年龄偏低的3岁幼儿来说，幼儿的抑制控制能力与延迟满足显著相关。他们认为这种结果说明“未来指向的亲社会或分享行为”与对优势反应的抑制能力以及矛盾心理的想象能力都存在发展性的联系。

这两个实验不仅说明了幼儿未来指向亲社会行为的发展与心理理论和执行功能之间存在发展性的联系，而且也说明了不同实验情境对幼儿未来指向亲社会行为发展的影响，以及幼儿未来指向亲社会行为的年龄差异。

（二）早期延迟满足自我控制能力的预测作用

另外，研究开始关注个体早期延迟满足自我控制能力的潜在预测作用，Mischel等人主要致力探讨对早期延迟满足自我控制能力对个体发展的远期影响问题。

Mischel等人对延迟满足自我控制的远期影响所做的长期跟踪研究发现，四五岁时能够做到延迟满足自我控制的儿童，在10余年后，父母对其在学业成绩、社会能力、应对挫折和压力等方面也有较好的评价；而且他们在申请大学时的学习能力倾向测验（SAT）分数也较高；在20年后他们自我评定的自尊、自我价值感与应对压力的分数和其父母评定的自我价值和应对压力的分数也高；这些个体他们在25~30岁时受教育的水平也较高，对可卡因药物的使用也少（Mischel，Shoda & Peak，1988；Shoda，Mischel & Peake，1990；Ayduk，Denton & Mischel，et al.，2000）。这表明学前儿童的延迟行为与认知和社会应对能力的诸多方面有关，诸如灵活调配注意能力，思考奖励物抽象的非消费性特征的能力，坚定追求期望的延迟目标信念的同时能够调动分心思维的能力，对目标的注意或分心思考类型的主观结果与行为的元认知理解能力（例如，集中于奖励物“热”特征的注意能够导致挫折感）。这些在学前儿童延迟满足自我控制中反映出的能力也同样反映在儿童后来的认知灵活性、计划性、有效地追求目标和对挫折与压力的适应性应对方面。从某种程度来说，根据个体学前期成功的延迟满足自我控制，可以预测他们在青少年期的认知与社会适应能力（Mischel，Shoda & Peak，1988）。

四、20 世纪 90 年代至今研究概况

这一时期，对延迟满足自我控制问题的研究又重新转向对社会性因素的关注，其焦点是家庭中的亲子关系因素对儿童延迟满足自我控制能力发展的影响；同时，在教育心理学、心理治疗、特殊儿童教育等应用研究领域也出现了对延迟满足自我控制问题的研究，从而使对延迟满足自我控制问题的研究不再仅局限于发展心理学领域，研究在纵深发展的同时开始广泛成为心理与教育研究领域普遍关注的课题。

与家庭中亲子关系因素的相关研究，涉及母亲的教养、母子依恋、母子相互作用等因素对儿童延迟满足自我控制能力发展的影响。

Mischel 和班杜拉（1965）早年研究就发现，延迟满足自我控制能力与权威型父母教养方式有关，这样的父母更容易教儿童延迟的策略。Olweus（1980）的研究也发现，权威型的父母有较高的延迟满足自我控制。Silverman 和 Ragusa（1990）的研究发现，儿童延迟能力与母亲积极鼓励独立性成正相关。Reitman 和 Gross（1997）采用 Mischel 的延迟满足自我控制等待实验范式和 Block 等人（1965，1981）修订的儿童教养实践问卷（Child-Rearing Practice Report，CRPR），研究了小学男生的延迟满足自我控制发展与母亲教养方式之间的关系，结果发现，母亲采用权威型教养方式的男孩的延迟能力更强。Jacobsen（1998）研究了母亲的情绪表达对 6 岁儿童延迟满足维持的影响。6 岁儿童的延迟满足自我控制水平采用 Mischel 等人的延迟满足自我控制选择等待实验范式测量；母亲的情绪表达采用 5 点量表记分，在批评（criticism）或过度参与（overinvolvement）二者中有一项得分高或二者的得分都高者被评定为情绪表达高分者，二者的得分都低者被评定为情绪表达低

分者。结果发现，母亲的情绪表达评定分数的高低与儿童等待过程中的注意调配无关，而在延迟时间的长短上有显著差异；母亲的情绪表达评定分数高的儿童等待的时间短，相反，母亲的情绪表达评定分数低的儿童等待的时间长。这说明批评或过度参与的母亲态度对儿童来说是一种压力，它可限制儿童的延迟满足自我控制。Mauro 和 Harris（2000）研究发现，那些不能延迟满足的儿童，其母亲表现出的教育行为和养育态度与放纵型的教养方式相一致，而那些能延迟满足的儿童，其母亲表现出的教育行为和养育态度与权威型的父母教养方式相一致。可见，在父母教养方式中，权威型（Authoritative）父母教养方式更有利于儿童延迟满足自我控制的发展。

Jacobsen 等人（1997）对 2 ~2.5 岁的德国婴儿追踪 4 年，研究了母婴依恋质量与儿童延迟满足自我控制之间的关系。他们采用 Ainaworth 的陌生情境测验分别测量了被试在婴儿期和 6 岁时的母婴依恋，将儿童的依恋类型划分为安全型依恋、回避型依恋、矛盾型依恋和混乱型依恋，后三种均为非安全型依恋；采用 Mischel（1989）等人的标准的延迟满足自我控制选择等待实验范式测量了儿童 6 岁时的延迟满足自我控制水平。结果发现：①儿童能否完成 15 分钟的等待并不取决于依恋的质量；②安全型依恋儿童的平均延迟时间在 11 ~12 分钟，回避型依恋平均延迟时间在 7 ~11 分钟，矛盾型依恋和混乱型依恋平均延迟时间在 4 ~5 分钟；③为了确定根据依恋的情况能否预期儿童等待时间的长短，他们采用 Kaplan 和 Meier（1958）的产品限制方法（product-limit method）评价的不同依恋组（仅婴儿期的依恋，仅 6 岁时的依恋和总体依恋）的生存函数，发现仅婴儿期的依恋时，等待曲线没有显著差异，而在仅 6 岁时的依恋和总体依恋两种情况下等待曲线差异显著，这主要表现在安全型依恋与混乱型依恋之间的差异；④儿童在延迟期间表现出的注意调配能力在不同依恋类型上不存在显著差异，这说明依恋和等待时间长短之间的显著关系不能归因于在延迟任务中儿童的注意调配策略的差异（Jacobsen，Huss & Fendrich，et al.，1997）。

Raver（1996）研究了母婴相互作用（mother-child interaction）与 2 岁儿童延迟满足过程中的情绪自我调节策略之间的关系。结果发现，母婴相互作用与儿童的自我调节技能的发展有关。那些在自由游戏中与母亲的共同注意

(joint attention) 的时间越长的儿童，在等待礼物的过程中使用分心 (distract) 策略的时间越多，使用寻求安慰 (comfort-seeking) 策略的时间越少；那些在母子相互作用中使用的被动命令 (passive bids) 与儿童在等待礼物的过程中使用的自我安慰 (self-soothing) 策略成正相关。这表明，对物体共同注意的人际交往过程的建立与维持可以促进儿童调节压力的注意调配能力的发展；而在常规的母婴相互作用中缺少行为一致性可以导致儿童依赖自我安慰行为来调节等待过程中的负性情绪。Sethi 和 Mischel 等人 (2000) 研究了学步儿童母婴相互作用中表现出的有效注意调配策略对儿童 5 岁时延迟满足自我控制的影响。结果发现，母婴分离期间能使用分心策略的学步儿童，在 5 岁时的延迟满足自我控制的延迟时间较长；与那些不能使自己远离母亲的 2 岁儿童相比，在母亲试图施行对儿童的控制时，能使自己远离母亲的儿童，在 5 岁时的延迟满足自我控制的延迟时间也较长，并能使用更多的有效延迟策略；而母亲是非控制性的学步儿童则正好表现出相反的模式，即那些不能使自己远离母亲命令的学步儿童在 5 岁时的延迟满足自我控制的延迟时间较长，并能使用更多的有效延迟策略 (Sethi, Mischel & Aber, et al., 2000)。Putnam 等人 (2002) 研究了 2.5 岁儿童延迟满足期间的母婴相互调节问题。结果发现，那些能够控制不去摸玩具的儿童，其母亲更倾向于在延迟过程中教儿童使用分心来帮助延迟；对一致性行为的分析表明母亲和儿童在延迟情境中的有效相互调节行为，在于其中的一个人对避免去注意玩具行为的引导 (Putnam, Spritz & Stifter, 2002)。Houck 和 Lecuyer-Maus (2004) 的纵向研究分别观察了儿童在 12 个月、24 个月和 36 个月时，其母亲在限制设定情境 (limit-setting situation) 下与儿童相互作用中的教育行为表现，并将其区分为四种限制设定模式 (limit-setting pattern)，即非直接的 (indirect)、以教育为基础的 (teaching-based)、以严厉为基础的 (power-based)、不一致的 (inconsistent)。然后，探索了这四种限制设定模式的教育行为与儿童 5 岁时的延迟满足自我控制表现之间的关系。结果发现，在 12 个月、24 个月和 36 个月时所得的母亲限制设定教育模式的三次观察与儿童 5 岁时的延迟满足自我控制延迟时间长短之间的关系中，以严厉为基础的母亲，对孩子表现出更多的命令要求和直接的身体接触等强烈的控制行为，其孩子的延迟时间都是最短的，它显著短于其他三种模式母亲的孩子的延迟时间；非直接的、以教育为基础的、不一致的三种母亲的孩子均能够等待较长的时间。其中，非直接的类型的母亲，对孩子则表现出更多的非直接性的限制、避免对孩子的潜在控制、多是告诉儿童如何使自己分心于期望得到的物体，这促进了儿童在学步期自我控制的发展，其孩子在5岁时的延迟时间在四者中最长。综合上述几项关于母婴相互作用的研究，我们不难发现，那些在母婴相互作用中表现出对儿童的高控制的严厉行为不利于儿童延迟满足自我控制的发展；相反，那些能够给孩子一定自由，并引导孩子进行适当分心的行为则更有利于儿童延迟满足自我控制的发展。

此外，Cemore和Herwig（2005）的研究采用Mischel的延迟满足自我控制选择等待实验范式研究了学前儿童的延迟满足与假装游戏之间的关系。结果发现，在假装游戏上玩耍更长时间的幼儿，其延迟满足的时间显著长于在假装游戏上玩耍时间短暂的幼儿；延迟满足与幼儿在家中玩的假装游戏之间存在显著正相关，但与教师评定的、在学前教室自然观察记录的假装游戏都没有显著关系；在假装游戏、年龄、性别、家庭结构、种族、儿童看护中心、母亲受教育水平几个变量中，只有假装游戏对延迟满足有显著影响。这一结果与维果斯基的观点一致。这说明，家庭环境是幼儿发展延迟满足能力的关键环境，父母在家中鼓励儿童或帮助儿童多玩假装游戏有助于幼儿延迟满足能力的发展。

这一时期，在教育心理学领域，Bembenutty和Karabenick对大学生学业延迟满足的研究比较突出（Bembenutty & Karabenick，1997；Bembenutty & Karabenick，1998；Bembenutty，1999；Bembenutty & Karabenick，1999；Bembenutty，McKeachie & Lin，2000；Bembenutty，McKeachie & Karabenick，2001；Bembenutty，2001；Bembenutty，2002a；Bembenutty，2002b；Bembenutty & Karabenick，2004）。所谓学业延迟满足（academic delay of gratification，ADOG），是指学生为了追求一个更有价值的长远学术奖励或目标，而主动放弃即时满足的一种延迟满足自我控制行为。他们的一系列研究发现，学业延迟满足是大学生自我调节学习的一种重要形式，学生通过这种延迟满足维持自己的学习动机，采取一定的学习策略，并且它还可以显著地

正向预测学生的学业等级。他们的研究还进一步发现，学生的任务目标倾向和学业延迟满足调节着学生的自我效能与投入学习的时间之间的关系，这在21世纪的自我调节学习中起着重要作用，可以通过增强学生的自我效能而提高学生的学业成就，它的伴随有助于确信未来的信念可以提高完成学业任务的可能性。但是，他们也认为大学生的学业延迟满足也存在着个体和种族差异。

这一时期，在心理治疗与特殊儿童教育研究领域主要有以下一些研究。Woznica（1990）对神经性厌食症的心理治疗研究认为，延迟满足能力障碍是神经性厌食症的病源因素，其作用在节食引起的厌食症病人和用药减肥引起的厌食症病人中有差异。这在治疗上意味着对节食引起的厌食症病人可以从降低冲动控制进行干预，对用药减肥引起的厌食症病人可以从提高延迟能力进行干预。Newman 等人（1992）的研究中，让白人男性罪犯分别处在三种令其感到不适的刺激情境下，他们可以立即做出反馈，但这样做不一定会得到奖励，甚至会得到惩罚（罚钱）；或者忍受各种刺激，延迟做出反馈，但却更可能得到奖励。研究发现，高焦虑精神变态者的延迟反馈在奖罚并用的情境下会被强化。精神变态者的表现主要依赖于他们特质性焦虑的水平和刺激的情境，当面对的任务在奖励的同时还涉及惩罚时，相对来讲，低焦虑的精神变态罪犯更不愿意延迟满足，这是由于高焦虑的精神变态罪犯更担心会被惩罚，所以他们会更多地做出延迟反馈；而当这些任务只有奖励而不涉及惩罚时，低焦虑的精神变态者会比高焦虑的精神变态者更多地做出延迟反馈。Krueger 等人（1996）研究了 12 ~ 13 岁男孩的延迟满足与精神病、人格因素之间的关系。结果发现，具有攻击和违法倾向引发外在行为失调的男孩，与具有焦虑和抑郁倾向的内在行为失调的男孩和正常男孩相比，更倾向于寻求即时满足；那些能够延迟满足的男孩被母亲描述为是具有自我控制、自我弹性、尽责性、经验开放性和宜人性的人格品质。Hodges（2001）认为，延迟满足是一种学习行为，因此它可以被描述为一种可以教的技能，他在针对特殊人群进行的心理治疗中发现，可以利用积极的强制力对患者进行延迟满足训练。Twenge，Catanese 和 Baumeister（2003）以 19 岁大学生为被试，采用问卷法测量了大学生的延迟满足的选择取向和选择延迟满足的确信度，探讨了社会拒绝对延迟满足的影响。结果发现，那些被社会接受的个体选择延迟满足的人数显著多于那些被社会拒绝的个体选择延迟满足的人数；在选择了延迟满足的个体中，那些被社会拒绝的个体的延迟满足确信度显著低于被社会接受的个体。这说明，社会对个体的排斥（社会拒绝）不利于个体的延迟满足。Cuskelly 等人（2003）做了唐氏综合征儿童延迟满足的心理年龄匹配比较研究。结果发现，唐氏综合征儿童的延迟满足发展明显滞后；与心理年龄相匹配的正常儿童相比，唐氏综合征儿童很少能进行延迟满足自我控制，两组儿童差异显著；儿童可接受的语言与正常儿童的延迟满足自我控制有关，而与唐氏综合征儿童的延迟满足自我控制无关。

第五节 我国对儿童延迟满足自我控制能力的研究

我国对儿童延迟满足自我控制问题的研究起步较晚，我国研究者是从 20 世纪 90 年代末开始重视对这一问题的研究。1999 年香港中文大学的学者黄蕴智先生首先发表了《延迟满足——一个值得在我国开展的研究计划》一文，文中作者介绍延迟满足研究的基本范式、Mischel 研究的突出贡献，探讨了延迟满足研究的新趋势，并提出在中国各地开展这项研究的建议（黄蕴智，1999）。至此我国研究者相继开始涉足延迟满足的实证研究，目前研究成果已十分丰富。现将这些研究的主要发现介绍如下。

一、针对延迟满足自我控制能力的研究

杨丽珠、徐丽敏和王江洋（2003）探讨了四种注意情境，即两种奖励物同时呈现、呈现即时奖励物、呈现延迟奖励物、两种奖励物都不呈现，对 3 ~5 岁中等自我控制能力幼儿的延迟满足自我控制的影响。结果发现，在两种奖励物都不呈现情境下幼儿平均延迟时间最长；奖励物呈现的三种情境下，儿童的延迟满足自我控制不存在显著差异，但是，儿童两种奖励物在同时呈现情境下平均延迟时间稍长一些。中等自我控制能力幼儿的延迟满足自我控制表现出非常显著的年龄差异。尽管客观情境不同，儿童延迟满足自我控制仍旧表现出稳定的发展趋势，说明 3 ~5 岁是儿童延迟满足自我控制发展的重要

时期，但 3 ~4 岁发展的速率更快一些。

刘文（2002）、杨丽珠和刘文（2008）研究了幼儿气质对延迟满足自我控制的影响。结果发现，幼儿抑制性对延迟满足自我控制的影响差异不显著；幼儿延迟满足自我控制因幼儿活动性水平不同而表现出显著差异，其趋势为幼儿活动性水平越高，延迟满足自我控制越差；幼儿活动性水平越低，延迟满足自我控制越强；因幼儿任务坚持性程度的高低不同表现出差异，其趋势为幼儿任务坚持性越强，延迟满足自我控制越强，延迟时间越长，反之，幼儿任务坚持性越差，延迟满足自我控制越差，延迟时间越短；因幼儿负情绪水平不同而达到显著差异，其趋势为幼儿负情绪越强，延迟满足自我控制越差，而负情绪水平低，情绪稳定，延迟满足自我控制越强；因幼儿冲动性水平不同而差异显著，幼儿冲动性水平越高，延迟满足自我控制越差，幼儿冲动性水平越低，延迟满足自我控制越强。从气质总分来看，延迟满足自我控制因气质水平不同而差异显著。

吴彩萍（2003）研究了注意转移与认知提示对 3 ~5 岁幼儿延迟满足等待时间的影响。结果发现，在幼儿延迟满足等待过程中，将其注意力从等待奖励物的挫折感上转移到幼儿感兴趣的外部活动（玩玩具）或积极的内部活动（想开心的事）时，有助于延迟幼儿的等待时间；相反，提示幼儿将其注意力从等待奖励物的挫折感上转移到消极的认知活动（想悲伤的事）上的消极认知提示，会使幼儿产生额外的挫折感和悲伤情绪，从而会加快延迟行为的终止；3 ~5 岁幼儿延迟满足的等待时间随着年龄的增长而延长，不存在显著的性别差异。

赵文芳（2004）围绕工作情境下延迟满足的两种假说——动机假说和分心假说，探讨了枯燥工作任务下幼儿的延迟满足。结果发现，在枯燥工作任务下的延迟满足，工作任务本身并不能提供一种分心的功能，幼儿想得到奖励物的动机对延迟起着重要作用。在单独等待任务下，对奖励物的注意会削弱延迟，奖励物移走可以促进延迟；在和工作器具一起等待的任务下，奖励物因素对延迟时间没有很大影响；当奖励物呈现时，只要幼儿面前留下可以工作的器具，奖励物对幼儿的刺激所带来的强烈动机便可以转移到器具上；但是这种转移并不是工作器具本身对幼儿的吸引，而是幼儿自主地将注意力转移到器具上去，也可以说是儿童自主使用的分心策略。

于松梅（2005）研究了儿童延迟满足自我控制能力的认知特征。主要涉及的问题是言语认知表征对延迟满足自我控制的影响、儿童延迟满足自我控制元认知策略知识的发展、幼儿延迟满足自我控制与心理理论和执行功能的关系。结果发现，幼儿延迟满足自我控制的延迟时间受言语表征内容的影响，指向任务规则的“冷”认知表征对于提升幼儿的延迟时间有显著的影响，尤其是对3～4岁幼儿影响效果更为突出；随着年龄的增长，儿童延迟满足自我控制元认知策略知识的水平由无知、朦胧的低水平向一致性、自我调节的高水平发展，4岁幼儿基本上处于无知水平，5岁幼儿的元认知开始萌芽，小学阶段尤其是3年级以后的儿童，其延迟满足自我控制的元认知策略知识进入一致性水平的平稳发展阶段，自我调节的元认知水平在6年级儿童身上稍有体现；幼儿延迟满足自我控制与心理理论和执行功能之间存在显著的正向关联，随着年龄的增长，幼儿在这三项能力上都有显著提高，尤其在4岁阶段。

唐艳（2005）研究了幼儿延迟满足过程中冷热执行功能的作用。结果发现，降低延迟满足任务中刺激的直观形象性，减少任务情感度的卷入，即通过减少任务的“热”度而间接提高任务的“冷”度；或通过提高延迟满足任务中的认知加工要求，直接提高任务的“冷”度，3岁幼儿与4岁幼儿均延长了等待时间；“冷”“热”系统在延迟满足任务中“相互消长”，即降低任务的热度似乎也间接提高了任务的“冷”度，反之亦然，其本质上是冷热执行功能在同一心理过程中的消长关系；4岁幼儿比3岁幼儿具有更好的情感控制能力与认知加工能力，使他们能更好地控制想要立即得到奖赏的冲动，同时更顺利地采取认知策略延长等待的时间。

左雪（2005）通过外在强加的礼物延迟满足实验研究了3～5岁幼儿在不同情境下的延迟满足及延迟策略。结果发现，3～5岁幼儿的延迟满足能力存在着显著的年龄差异，并随着年龄的增长而不断提高；幼儿在延迟满足及延迟策略的使用上没有显著的性别差异；幼儿在个体与群体情境中除了在“寻求帮助策略”上有显著差异之外，在延迟时间及其他延迟策略上均无显著差异；在注意转移策略的类型上，“玩的注意转移策略”及“长时间的注意转移策略”存在着显著的年龄差异，并随年龄的增长而延长；“短时间注意转移策略”及“看的注意转移策略”在情境上有显著差异，在个体情境下“短时间注意转移策略”及“看的注意转移策略”占优势，而在群体情境中“长时间的注意转移策略”及“玩的注意转移策略”占优势；3～5岁幼儿在延迟情境中使用最多的是“注意转移策略”，4岁幼儿比其他年龄组的幼儿更偏爱“被动策略”的使用。

陈会昌等人的系列研究将礼物延迟满足任务与陌生情境技术相结合（陈会昌，李苗，王莉，2002；陈会昌，阴军莉，张宏学，2005），考察了2岁儿童自我控制能力发展状况和情绪调节策略与其问题行为之间的关系。其中一项研究结果发现，2岁儿童已具有一定的延迟满足能力，个体差异显著，但是性别差异和情境差异不显著；他们已经能使用一定的延迟策略，包括问题解决、分心、寻求安慰、寻求帮助、回避、被动等待，其中使用频率最高的是分心策略；不同的策略对延迟时间有着不同的影响；而且，儿童对策略的使用不会因为延迟满足情境的不同而出现差异（陈会昌，李苗，王莉，2002）。另一项研究结果发现，在延迟性情境中，2岁儿童已表现出自我控制行为，具有显著的性别差异，女孩的自我控制行为明显地高于男孩；根据家庭婚姻质量能够预测儿童延迟性自我控制的行为，尤其是母亲体验到的家庭和谐程度越高，儿童的延迟性自我控制的行为越多；根据父母教养行为能预测儿童延迟性自我控制行为，尤其是母亲适度拒绝行为有一定的正向预测作用（陈会昌，阴军莉，张宏学，2005）。

刘岩、张明、徐国庆（2002）探讨学习困难学生和学习优秀学生在三种不同情境下——独自操作、单一团体操作和混合团体操作，延迟满足能力的差异。结果发现，在按键选择的延迟满足实验中，被试变量与情境变量的交互作用显著；在独自操作和单一团体情境下，学习优秀学生延迟满足能力显著高于学习困难学生，混合团体则不存在这种差异；学习优秀学生的延迟满足能力在独自操作和单一团体时水平较高，而混合团体的成绩则显著低于单一团体，学习困难学生的延迟满足能力在单一团体和混合团体时水平较高，而单独操作成绩则显著低于混合团体。

徐芬、王卫星、高山等人（2003）采用抵制诱惑的礼物延迟任务，探讨了幼儿心理理论发展水平与抑制控制能力发展的关系。结果发现，幼儿的抵制诱惑的礼物延迟满足从3岁到4岁有明显的发展；但其与心理理论的错误信念理解任务相关不明确。

李晓东（2005）从自我调控学习角度，采用Bembenutty发展的学业延迟满足量表研究了208名初中学生学业延迟满足与目标取向和元认知策略的关系。结果发现，不同目标取向对学业延迟满足有不同影响，任务取向对学业延迟满足有积极影响，趋向型自我取向对学业延迟满足有负面作用；学业延迟满足作为一种自我调控能力能够预测学生在学习过程中元认知策略的运用情况，但对学业成绩无显著影响。

韩玉昌、任桂琴（2006）采用眼动研究方法，以儿童的延迟等待时间及眼动特征为指标，通过两个实验考察儿童在延迟满足自我控制情境中的注意分配策略及延迟满足自我控制能力发展的年龄特点。结果发现，偏爱策略能促进4～5岁学前儿童的延迟满足自我控制；小学1～2年级儿童的延迟满足自我控制能力显著高于4～5岁学前儿童；延迟奖励物的彩色照片比黑白照片更有利于儿童的延迟等待。

二、针对亲社会延迟满足选择倾向的研究

近些年来，国内研究者也开始关注幼儿亲社会延迟满足选择倾向的发展问题，并将这种行为命名为一种“情感决策”能力。王月花（2007）在“着眼于将来的选择能力对幼儿情感决策的影响”的研究中，将幼儿亲社会延迟满足行为命名为幼儿情感决策，并认为幼儿情感决策的心理成分包括：着眼于将来的选择能力、抑制控制与灵活表征能力、归纳概括能力。他们设计实验验证这三种心理成分对幼儿情感决策的影响。

首先，他们设计了实验一，采用三种不同难度的儿童赌博任务测量了幼儿的情感决策，在这三种任务中对卡片的归纳概括能力要求逐渐降低，任务三中的归纳概括能力降为零。这一实验结果表明，降低归纳概括能力的难度只能在一定程度上提高幼儿的情感决策水平，即使降到最低，也不能使3岁幼儿的情感决策提高到很高水平，归纳概括能力并不是决定幼儿情感决策的最关键因素。

其次，他们设计了实验二，分别采用延迟选择任务来测量着眼于将来的

选择能力，采用目标反向任务来测量抑制控制与灵活表征能力，采用零归纳儿童赌博任务来测量完全排除归纳概括成分后的幼儿三种情感决策。χ^2检验的结果表明延迟选择任务和目标反向任务二者独立无关。t 检验和相关分析的结果都表明延迟选择任务和零归纳儿童赌博任务显著相关，目标反向任务和零归纳儿童赌博任务相关不显著。这说明，着眼于将来的选择能力对幼儿情感决策有显著影响，而抑制控制与灵活表征能力对幼儿情感决策影响不显著。

最后，研究者出于科学的严谨性和对幼儿园教学实践的指导而设计了实验三。在实验三中，研究者试图采用训练的方式来观察能否通过训练着眼于将来的选择能力从而提高幼儿的情感决策能力，并设置了对照组和实验组。结果显示，训练着眼于将来的选择能力，可以使幼儿的情感决策能力得到显著提高，对照组被试的平均成绩为 0.612，远低于 80% 的正确水平；而实验组被试的平均成绩为 0.797，已经达到 80% 的正确水平。结果再次验证了着眼于将来的选择能力确实对幼儿情感决策能力具有显著影响。

在蒋钦（2008）的一项名为“观点采择因素对儿童情感决策的影响”的研究中，研究者关注 3 ~4 岁幼儿观点采择能力与幼儿亲社会延迟满足行为的关系。因此设计了两个实验来验证二者的关系。

实验一以粘贴画和糖果为奖励物，并设计了 3 种不同的选择（现在 1 个还是以后 2 个，现在 1 个还是以后 4 个，现在 1 个还是以后 6 个）以及两种实验条件（为自己选和为他人选），在这里研究者把延迟满足范式作为测量情感决策的任务。研究结果显示，3 岁幼儿和 4 岁幼儿在为自己选、为他人选两种条件下的成绩均显著高于随机猜测分数，这表明在延迟满足决策任务中，3 岁和 4 岁幼儿均倾向于做出等待后得到较大奖励的延迟决策。但无论是 3 岁幼儿还是 4 岁幼儿，在为自己选和为他人选两种条件下的表现均无显著差异。这可能是因为对于 3 岁幼儿来说，他们尚不具备同时表征冲突心理状态的能力，他们缺乏观点采择能力，不能区分自己和他人的观点，这样为自己选和为他人选并不冲突，所以 3 岁幼儿在两种选择条件下的表现没有区别。而对于 4 岁幼儿来说，虽然他们开始具有想象与自己的当前状态相冲突的不同心理状态的能力，能够进行观点采择，但在实验一的任务中没有关于他人观点的信息（对他人状态、环境认知因素），从而导致幼儿为他人选择动机的缺乏，只能根据自己的观点推及他人的观点，所以 4 岁幼儿在两种选择条件下的表现也没有区别。但这些只是理论上的解释，还需要实验证明，因此研究者设计了实验二。

在实验二中研究者首先增加了观点采择测验任务，目的在于考察年幼儿童观点采择能力的发展和差异对延迟满足任务中不同对象的决策是否产生影响，以及产生什么样的影响；其次，在区分为自己和为他人不同选择对象的基础上，进一步在为他人的选择中区分了不同的观点提示条件，以期考察在提供他人的各种观点线索的情况下，儿童在为自己和为他人的选择中是否出现差异，从而揭示观点采择对年幼儿童决策的影响机制。研究结果显示，4 岁幼儿在不同的他人观点提示条件下的情感决策任务中，为他人做选择的成绩出现了分离。他们在不同的观点提示条件下为他人选择时分别表现出了与自己选择不同的趋势：在即时满足提示条件下为他人选择得分显著低于为自己选择得分，即更多地为他人选择即时满足；在延迟满足提示条件下为他人选择得分显著高于为自己选择得分，即更多地为他人选择延迟；而在无提示条件下则没有表现出差异。3 岁幼儿没有表现出相应的分离状态，在三种不同观点提示条件下为自己和为他人做选择成绩差异均不显著，重现了在实验一中的表现。这一结果证实了研究者的研究设想：年幼儿童由于不具备观点采择能力，不能区分考虑不同情境提示条件下他人的观点，因此在为他人选择和为自己选择时没有差异；随着观点采择能力的发展，儿童开始能够区分和考虑他人的不同观点，逐渐在为他人选择时表现出与为自己选择不同的决策。总之，在他们的研究中采用为自己和为他人的延迟满足决策任务，发现在学前期，观点采择能力对儿童的情感决策表现出发展性的影响。随着观点采择能力的发展，儿童逐渐能够确立正确的延迟动机，为他人做出有效的决策。

Chapter 2

第二章

研究问题的提出

第一节　研究遵循的指导思想

一、儿童发展与教育相结合

儿童心理是不断发展变化的，研究儿童心理必须有发展的观点。一方面，儿童的心理发展过程是不断由量的积累到质的变化，通过“飞跃”达到新质阶段。因此，对幼儿延迟满足自我控制能力发展的研究不仅要描述量的变化，还要揭示质的变化。另一方面，儿童心理的发展是主客体矛盾对立统一、内外因相互作用的过程。而在这一过程中教育起了十分重要的作用，因此这就要求我们必须把儿童的发展与教育结合起来。

二、理论研究与实践应用相结合

对儿童心理发展的研究应当密切结合我国儿童教育事业中的实际问题。儿童在幼儿园与小学教育衔接过程中所遇到的社会适应问题一直是我国教育界十分关注的问题。本研究就是将理论研究与实践应用相结合，一方面要试图探索延迟满足自我控制能力在儿童从幼儿园到小学这一变化过程中所起的重要作用；另一方面还要在理论上探讨幼儿延迟满足自我控制能力发生与发展的规律，为家庭教育、幼儿园教育寻找适当的教育干预措施和测量手段提供可靠而有实用价值的科学理论依据，为发展心理学理论建设提供丰富的实证资料。

三、多种研究方法与统计手段相结合

发展心理学的研究方法是多种多样的，不同的研究方法适用于研究不同的问题，每一种方法都有其优点与局限性。因此，当研究的问题比较复杂时，采用单一的研究方法就会忽视或遗漏许多重要的信息，难以全面而准确地揭示所要研究的问题的实质，无法得出全面、准确而又科学的结论。所以，本研究为了使各种研究方法之间能够优缺互补，将综合使用实验室观察实验、结构访谈、问卷测量、社会测量等多种研究方法。由于在方法使用上的多样性，这就要求本研究在对数据的统计分析上相应地也采用多种统计手段，运用描述统计、推论统计、探索性因素分析、验证性因素分析等高级统计分析，以此在量上更为恰切地揭示研究问题的具体结果。

四、纵向研究与横向研究相结合

由于儿童的心理发展是一个动态的连续过程，单靠静止的横向研究不能完全说明儿童心理发展的本质与趋势，因此，为了考察延迟满足自我控制能力对幼儿发展的远期影响，在研究中我们还采用了纵向追踪研究。

五、量化研究与质化研究相结合

量化研究与质化研究是心理学的两种研究取向，长期以来一直是相互对立的。量化研究崇尚自然科学的经验证实性与客观性，强调人的心理与外显行为的可观察性。因此，它主要是从研究者自身的角度出发，通常采用实证的自然科学方法进行研究。而质化研究则崇尚人文关怀，强调人的主观经验的各个方面，如人的价值和态度，强调主观经验的动态性和动力性。因此，它主要是从被研究者的角度出发，把研究者本身作为一种研究的工具，通常采用研究者对被研究者进行访谈、观察的方法进行研究。而实际上，这两种研究取向各有优点与局限。车文博先生曾指出，“要想使心理学真正成为科学，就必须把心理学中自然科学取向和人文科学取向两者统合起来”。① 因此，在本研究注重将质化的资料定量化，对实验室观察记录的幼儿延迟满足维持能力的等待策略做分子行为分析的编码、对教师结构访谈获得的小学生学校社会交往能力的行为表现做分类编码，以做进一步的定量研究，保证了研究的科学客观性。

第二节　研究具体背景分析

国外对延迟满足问题的研究历史颇长，从对延迟满足的注意与认知机制的关注，到对非认知的社会性因素对延迟满足影响的研究的广泛开展，国外的研究已经相当成熟。但仍重视延迟满足的各种认知与非认知影响因素的研究，而轻视儿童自发的延迟满足行为发展特点的研究，对延迟满足本身自发行为策略的发展特点缺乏系统的研究；其次，已有研究认为延迟满足是一种跨文化现象，故多关注延迟满足的跨文化一致性，缺乏对延迟满足跨文化差异性的研究。

而我国对延迟满足问题的研究起步较晚，如同一个新生儿充满活力与朝气，其不足就是还比较薄弱，既不够广泛，也不够系统，仍然囿于国外研究的思想框架，少有突破。从研究领域上看，主要集中于发展心理学领域，对应用领域的研究较少。从研究设计上看，我国对幼儿延迟满足的研究主要采用横向设计，还未见用纵向设计所做的研究。从研究范式上看，我国对幼儿延迟满足的研究主要集中在采用延迟满足选择等待范式和外在强加的礼物延迟范式两种上，依据不同研究目的在实验情境上会创设各种新颖的刺激情境条件，对较大年龄儿童则是采用问卷调查法。从研究对象特点上看，年龄范围主要是以研究幼儿阶段为主，个别有研究中小学生的，没有对大学生及成人的研究；研究对象全是集中在正常儿童人群中，而缺少对特殊人群的研究。从研究具体问题上看，主要是以研究儿童延迟满足发展的注意与认知机制为

① 车文博，许波，伍麟．西方心理学思想史发展规律的探析［J］．社会科学战线，2001（3）：41－52.

主，缺乏对影响儿童延迟满足自我控制能力发展的社会性因素研究，和对儿童早期延迟满足自我控制能力发展与儿童后期社会化发展之间关系的研究。

通观国内外对儿童延迟满足自我控制研究的具体问题可见，对下述几个方面的基础研究尚存在不足。

一、关于幼儿延迟满足自我控制发展的年龄特征

众多的研究表明，年龄这一发展性因素是制约儿童延迟满足自我控制发展的最为重要的因素。1～1.5 岁是儿童自我控制能力发展的萌芽阶段，这一阶段通常被叫作控制阶段（control phase），它涉及对特殊情境的社会要求的意识和与之相联的发动（initiating）、维持（maintaining）、终止（ceasing）行为活动的能力的出现。然而，在这一年龄段儿童的控制是受到约束的。在儿童的记忆中，为了行为的适当性，需要母亲做出信号和暗示性的限制，以此来与儿童独立性和运动中的快乐感相竞争。在这一年龄段，儿童要学习适当的行为和情绪反应，但这却强烈依赖在一个特定社会情境中由看护者所提供的社会线索。

2～2.5 岁儿童的自我控制进一步发展，这一阶段通常就被叫作自我控制阶段（self-control phase）。这时，儿童开始区分什么是适当的和不适当的行为。当儿童开始学习由父母或看护人传达的标准、规则和目标时，内疚、羞愧和骄傲感等自我意识的评价性的情绪开始出现。随着再认回忆和表征思维的发展，可以看到延迟满足或按要求终止活动的能力，以及自我发动性的监控方面的顺从性的扩展。这样，儿童开始能够自我反省和评价自己行为的某些方面。但是，在面临强烈的，特别是快乐刺激时，采用一定限制性策略来延迟满足和控制行为，对于儿童仍然是困难的。

直到 3～5 岁时，才最终出现自我调节（self-regulation）。另外，在对于社会性赞许和不赞许方面，儿童开始转向做更多的个人判断。通过驱动延迟策略和使用隐蔽性言语（covert speech），他们更能够满足情境变化的要求；这些认知能力使儿童在没有成人监督的情况下，能够对行为进行自我监控和调节。这样，在延迟满足自我控制能力中就可以观测到自我调节能力（Kopp，1991；Houck & Lecuyer-Maus，2004）。

延迟满足自我控制对个体毕生发展十分重要，那么它在幼儿阶段表现出怎样的发展特点呢？Houck 和 Lecuyer-Maus（2004）认为，延迟满足自我控制只有在 3～5 岁阶段，当儿童具有了一定自我调节能力的时候才可以观察到。Mischel 等人也做过一系列关于儿童延迟满足自我控制发展的研究，得出了很多有价值的研究结论。随着年龄的增长，儿童延迟满足自我控制的延迟时间延长了；自发的产生和使用有效的延迟注意策略的能力（注意转移与心理表征能力）逐渐增强，对延迟策略的知识能力（元认知能力）不断发展（Mischel，H. N. & Mischel，W.，1983；于松梅，2005）。

但是，以往国外的研究特别是针对幼儿阶段的研究在被试儿童的年龄取样范围上存在一定的局限性，即对于 3～5 岁幼儿的年龄取样分布，要么是集中在 4～5 岁而 3 岁样本则很少，要么是只针对一个年龄段的样本进行取样。这种年龄取样的局限性，致使研究不能按照年龄的分段检验各个年龄段之间的差异，而只能以中间年龄为分界点计算年龄差异，结果没有得出幼儿阶段延迟满足自我控制发展的年龄差异。然而，并不能就此得出结论：3～5 岁幼儿延迟满足自我控制的发展特征是相同的，不存在阶段性的变化。这种研究取样的局限性掩盖了儿童发展的真实特征。

另外，以往关于儿童延迟满足自我控制发展的实证研究更多关注它的注意与认知发展机制，忽视了对单纯延迟满足自我控制情境中儿童所表现出的自发行为特点的分析。事实上，单纯延迟满足自我控制情境中儿童所表现出的自发行为特征更能说明儿童延迟满足自我控制发展的本质。如果从儿童心理发展的阶段论观点出发，儿童心理发展既存在量的变化又存在质的变化，儿童延迟满足自我控制的发展在幼儿阶段应表现出阶段性的行为特征。以往研究对不同年龄段幼儿使用延迟策略只停留在描述性的简单分类水平，没有得出量化的具有规律性的年龄特征。显然，目前还缺乏对这一问题的研究探索。

二、关于幼儿延迟满足自我控制的预测作用

众多关于学前儿童延迟满足自我控制的研究表明，学前儿童的延迟行为可能与认知和社会应对能力的诸多方面有关，主要涉及灵活调配注意能力，

思考奖励物抽象的非消费性特征的能力，坚定追求期望的延迟目标信念的同时能够调动分心思维的能力，对目标的注意或分心思考类型的主观结果与行为的元认知理解能力（例如，集中于奖励物“热”特征的注意能够导致挫折感）。研究者假设，这些在学前儿童延迟满足自我控制中反映出的能力也同样会反映在儿童后来的认知灵活性、计划性、有效地追求目标和对挫折与压力的适应性应对方面，从某种程度来说，根据个体学前期成功的延迟满足自我控制能力将可以预期他们在青少年期的认知与社会适应能力（Mischel, Shoda & Peak，1988）。

Kopp（1982）曾认为，社会性技能的自我调节应包括：遵守要求的能力；根据社会要求发动和终止活动的能力；在社会和教育环境中，管理意图、频率和说话时间以及其他行为的能力；在缺少他人监督和外在控制的情况下的延迟满足和行为的适当性。因这些能力的缺乏而表现出的行为通常被标明是问题行为。Patterson 和 Yoerger 的研究也表明，不具有社会性自我调节的儿童可能与父母、同伴和教师之间较少会发展出建构性的关系，这些将会继续危及他们的问题解决技能和社会能力的发展，促使不正常的同伴关系和问题行为的进一步恶化（Houck & Lecuyer-Maus，2004）。Perry 和 Weinstein（1998）曾认为，延迟满足本身就是儿童学校适应的重要衡量指标。这样关于延迟满足差异问题的研究就扩展到了人类适应机制的研究中。

Cournoyer 和 Trude（1991）的研究发现，自我调节的延迟满足明显的个体差异在儿童 4 岁时出现，并可据此预知他们儿童期、青春期、大学时期的认知和社交能力。Funder 和 Block（1983）的纵向研究采用礼物延迟满足任务发现，4 岁儿童的高延迟满足与注意力集中、讲道理、聪明、机智应变、能力强、合作性有关，而低延迟满足的儿童趋于攻击、好动、不能应对压力、易于感情用事、爱怄气等。Olson（1989）的纵向研究也采用礼物延迟满足任务发现，4 ~ 5 岁儿童的延迟满足表现与同伴交往的人际社会适应问题有关，延迟满足表现越好，同伴交往的负提名越少，人际交往的社会适应越好。Mischel 等人对延迟满足自我控制的远期影响所做的长期跟踪研究发现，4 ~ 5 岁时能够做到延迟满足自我控制的儿童，在 10 余年后，父母对其在学业成绩、社会能力、应对挫折和压力等方面也有较好的评价；而且他们在申请大学时的学习能力倾向测验（SAT）分数也较高；在20年后他们自我评定的自尊、自我价值感与应对压力的分数和他们父母评定的自我价值和应对压力的分数也高；这些个体他们在25～30岁时受教育的水平也较高，对可卡因药物的使用也少（Mischel，Shoda & Peak，1988；Shoda，Mischel & Peake，1990；Ayduk，Denton & Mischel，et al.，2000）。Gronau 和 Waas（1997）以160名小学2年级和5年级的学生为被试，研究了延迟满足选择与利用线索来认识社会事件的社会信息加工之间的关系。结果发现，延迟能力高的个体比延迟能力低的个体考虑的证人陈述的线索要显著得多。社会线索思考的失败可能导致个体社会问题解决低能，个体要想理解社会环境并对其做出适当的反应，必须成功地完成社会信息加工的一系列步骤，而对社会线索编码和解释的信息加工可能会敏感地受到个体冲动性的影响。研究者据此推断，延迟满足的缺乏和社会问题解决低能的联合可能影响儿童的社会适应。Wulfer 等人（2002）采用选择范式研究发现，那些选择了即时满足的9～12年级学生更多地具有自我调节的障碍和问题行为，他们大部分参与吸烟、饮酒、吸食大麻，自我概念薄弱，学业成就也差。Tangney，Baumeister 和 Boone（2004）等人采用问卷法研究发现，高自我控制的个体具有较高的学业成就，良好的适应（高自尊与少有精神病理学报告），较少有暴食与酒精滥用的情况，具有较好的人际关系与人际交往技能，拥有安全性依恋，以及更多的积极情绪反应。

从上述的这些研究中我们发现：第一，延迟满足自我控制明显的个体差异是在4岁时出现，因而只有这一年龄段的延迟满足自我控制才是显示其预测作用的敏感期。第二，并不是所有的延迟满足自我控制情境都能预测儿童晚期的认知与社会适应能力，只有那些单纯等待的标准的延迟满足自我控制情境才能够鉴定出儿童自发的真实的个体特征或个体差异，因而才能显示出强有力的预测力。其他的操纵使其改变了各种影响因素的延迟满足自我控制情境，虽然显示出对延迟时间的改变与促进作用，但是从某种程度上来说，确实掩盖了儿童自身真实的能力，很难预测儿童晚期的各种行为与能力。因此，对于做延迟满足自我控制预期作用的研究，那种单纯的、自发的等待情境下的延迟满足自我控制任务更有价值。第三，儿童早期延迟满足自我控制的发展水平对儿童未来的学业成就水平、同伴交往水平等人际交往问题以及对社会环境的适应问题均有重要影响，这说明从小培养儿童的延迟满足自我控制能力对促进儿童的健康成长具有重要意义。第四，用学前儿童的延迟满足来预期小学阶段的社会适应的研究，多是采用礼物延迟任务范式；而采用延迟满足自我控制选择等待范式所进行的预测作用研究大多局限在儿童进入大学后的成年期社会适应问题的预期，还尚未见到有采用延迟满足自我控制选择等待范式对儿童小学阶段的社会适应预期的研究。而且，在前面的综述中已经阐明这两种延迟满足研究范式所反应的儿童心理特点是不同的，所以这两种研究范式对不同时期儿童的社会适应的预期是否也会存在区别这个问题，仍然值得未来进一步进行深入的研究。

综上所述，延迟满足自我控制明显的个体差异是在 4 岁时出现，只有这一年龄段的儿童的延迟满足自我控制才可能敏感地预测到儿童在大学时期的社会适应问题；也不是所有的延迟满足自我控制情境都能预测儿童晚期的认知与社会适应能力，只有那些单纯等待的标准的延迟满足自我控制情境才能够鉴定出儿童自发的真实的个体特征或是个体差异，因而才能显示出强而有力的预测力。但是，在已有的几项纵向研究中还尚未见到采用延迟满足自我控制选择等待范式对小学儿童社会适应问题的研究，对儿童使用延迟策略的能力与社会适应能力之间的关系也缺乏系统分析。从幼儿到青少年，个体处于不同阶段的学校环境中，小学阶段对儿童的适应要求与大学阶段对儿童的适应要求不同，所以儿童的学校适应行为表现也会不同，而采用延迟满足自我控制选择等待范式对小学儿童学校适应问题能否也会获得成功的预测值得我们进行研究尝试。

三、关于延迟满足自我控制发展的跨文化差异

布朗芬布伦纳社会生态系统理论认为，以社会或亚文化的意识形态为主的宏系统会层层影响到外层系统（父母工作和生活环境）、中间系统（家庭和学校的相互作用）和微系统（家庭、幼儿园、学校）对儿童发展的影响。也有研究认为，一个群体的文化价值观可以通过父母的教养信念和教养实践影响儿童早期的各种自我调节能力的发展（Meléndedz，2005）。

在对延迟选择阶段的研究上，Mischel 曾于 20 世纪 60 年代初在北美文化背景内，做过关于延迟选择偏好与无父亲变量之间关系的跨文化研究（Mischel，1961a）。结果发现，在 8 ~ 9 岁 Trinidadian 黑人儿童和 Grenadian 黑人儿童中，父亲缺失与更愿意选择即时的强化物之间有显著的关系，且这种关系在同一种文化群体内不存在差异，在两种亚文化群体中也表现出跨文化一致性；但是，仅就延迟选择偏好问题而言，Trinidadian 黑人儿童比 Grenadian 黑人儿童更愿意选择即时满足，而不是延迟满足，延迟选择具有跨文化的差异性。

班杜拉强调社会文化的作用。诺瓦斯科沙（Nova Scotia）县里存在几种互相矛盾的亚文化方式，世代延续比邻而居，其中在拉韦莱（Lavellée）的阿卡地安（Acadian）部落里，让儿童控制即刻的冲动，为了长远的目的而工作，教育和职业上的成就也受到重视："在时间的定向上，一生的主要事情是长期的目标——如拯救灵魂，改善这一区域的经济状况，保存和扩大阿卡地安部落——虽然这些任务中有些是任何一个人在一生都未必能够完成的。……工作是一种道德行为，在任何情况下，一个人不但必须工作，还要以此为光荣和乐趣。……生活而无工作，就等于生活而无意义。那种赚钱越多越好，工作越少越好的人，是为人所不齿的"（Hughes，Tremblay，Rapoport & Leighton，1960，159 - 160）。在这个部落里，父母有大量时间与子女生活在一起，在这个过程中他们无疑会很有效地把这种亚文化中的成人方式传给他们。为片刻的小小欢乐的引诱而动摇就意味着将来丧失某种有价值的东西，拉韦莱的儿童大概是不会这样做的。同样是在诺瓦斯科沙县里，还有另外一个部落，他们的社会特别缺乏团结的精神；殴斗、酗酒、偷窃及其他冲动的反社会行动经常发生。在这种亚文化社会中的成年人相信，"人生最好的事情是尽快地逃避他的问题"。他们认为，工作是要避免的，法律是要反抗的。父母也把这种信仰传授给他们的子女："把嗜酒作为一种典型的消遣方式，是这种情趣的要旨。而饮酒又往往转而导致殴斗，这也是一种回避问题而不是解决问题的方法。……嗜酒的冲动如此强烈，以至于在官办酒店关门以后，他们宁愿花高价去购买私酒贩子的酒。如果一般的酒的需要得不到满足，他们还会喝香草这类酒作为代用品"（Hughes，Tremblay，

Rapoport & Leighton，1960，307）。在这种亚文化中成长的儿童，经常接触这种不顾一切地讨厌或根本反对延迟满足的榜样。班杜拉认为，儿童通过观察和模仿由成人和同伴所展示的潜在的自我调节标准和自我奖励模式而学会了自我控制。但是他后来经过实验室的实证研究认为，儿童的延迟满足形式也可以因观察了示范行为而改变。所以，他据此推断，来自诺瓦斯科沙县另外一个部落文化中儿童的行为，可以由于观察了拉韦莱的阿卡地安部落公民的自制行为而受到影响；反过来，来自拉韦莱的阿卡地安部落的儿童的行为，经过观察另外一个部落文化的示范，无疑也会受到影响而倾向于放松自制（利伯特，1983，刘范译）。

Rotenberg 和 Mayer（1990）比较了 6 ~ 25 岁加拿大土著儿童与加拿大白人儿童之间延迟满足选择的跨文化差异，结果发现，在三个年龄组儿童中（6 ~ 8 岁、9 ~ 11 岁、12 ~ 25 岁），同年龄的土著儿童和白人儿童都获得了延迟满足，并且延迟满足的发展速率近似一样。这一结果支持在受年龄影响的发展问题上，延迟满足具有跨文化一致性，延迟满足是一种跨文化现象。

以往关于延迟满足自我控制的跨文化研究主要集中在对延迟选择问题的研究上（利伯特，1983，刘范译；Mischel，1961a；Rotenberg & Mayer，1990）。但是，研究者的结论却不一，有的认为延迟选择问题存在跨文化差异，有的认为延迟选择问题具有跨文化的一致现象。但是，至今还未见到关于延迟维持问题的跨文化研究。延迟满足自我控制是个体自我调节能力的高级阶段，它主要在 3 ~ 5 岁幼儿期得到显著发展，那么在幼儿阶段这种能力在多大程度上会受到社会文化因素的影响，在不同文化背景中的幼儿其延迟满足自我控制有何差异，相似之处在哪儿？Mischel 的认知情感人格系统理论中虽然也强调社会文化历史因素会影响人格的形成，但是这种观点在延迟满足自我控制能力这种人格结构上还缺少实证研究证据的支持。

四、关于延迟满足自我控制发展的性别差异与生理基础

Zytkoskee 等人（1971）在对 132 名 14 ~ 17 岁儿童的延迟满足问卷的反应研究中，没有发现性别差异。另有 7 项研究也是针对延迟满足的性别差异的，其中有 3 项发现女孩比男孩更愿意延迟满足；而另外的 4 项没有发现性

别差异。Maccoby 和 Jacklin（1974）在综述性别差异时，列举了 8 项在延迟满足任务中的性别差异，涉及的研究对象年龄在 3～13 岁。在这些研究中，有 2 项报告有性别差异，女孩比男孩更易倾向等待较大的奖励，其余 6 项没有报告有性别差异。对于这种性别差异，有人认为一种可能的解释是女孩比男孩更倾向于听从成人的指令，或者是女性比男性在认知或元认知上发展得更好，她们较强的认知能力可用来说明她们具有较好的延迟满足自我控制。不过也有人认为这一点并不大可能，因为没有证据表明在这一年龄范围内女孩比男孩在认知能力上相对要好，而 Mischel N. H. 和 Mischel W.（1983）的研究也表明，儿童在延迟满足的策略认知上并不存在性别差异。Bjorklund 和 Kipp（1996）依据父母投资理论，认为在延迟满足方面显示的性别差异可能与延迟满足的类型和延迟时间的长短有关。如当等待可以满足另一种需要的时候（与女性养育儿童的行为有关），女性往往表现出较强的延迟满足倾向；而在等待行为中存在竞技性的利益时，男性则表现出较强的延迟满足倾向。在时间的维度上，对于长期的奖励，如与取得某个人的身份、地位，寻求伴侣、生养后代等有关的事件，可能不存在性别差异。

Silverman（2003）对 33 项延迟满足研究中的性别差异问题做了元分析。结果发现，一方面，总体来说延迟满足的性别差异不显著，但女性的延迟满足略有优势，进一步的分析发现，女性的优势在连续的测量（continuous measure）中要大于在两分的测量（dichotomous measure）中；另一方面，也没有发现延迟满足的性别差异在年龄上有系统性的变化，将 33 项研究的样本划分为 5 个年龄水平，学前（3～5 岁）、学前/初等学校（3～11 岁）、初等学校（6～11 岁）、青少年（12～17 岁）和成人（18 岁或更大岁数），结果无论是在连续的测量中还是在两分的测量中，在性别差异的效应大小上都没有系统性的变化。Silverman 总结了以往关于延迟满足性别差异的解释观点来解释这个元分析的结果；另外，他还认为虽然这种延迟满足的性别差异中女性的优势很小，但是它仍可能潜在的在现实生活情境中有所反映。

延迟满足自我控制在生理上体现了大脑对行为的抑制性控制。神经心理学对抑制机制的中枢基础所进行的研究已经证实，行为抑制的原初位置与额叶皮层或前额叶皮层有关。来自比较学研究、临床学以及人类发展研究的成果都证实前额叶可以控制对行为的抑制（Collins & Tucker，2000）。另外，还有一些研究表明，儿童的前额叶损伤导致抑制发展的停滞和缺乏。尽管在婴儿期前额叶发展十分迅速，但是在4～5岁它却经历了一个更加深刻的发展冲刺期。因此，抑制性控制发展的迟缓，很可能与前额叶皮质是一个较慢成熟的大脑区域的事实有关（Carlson & Moses，2001）。如果从行为发展的立场来看，尽管抑制控制技能在婴儿晚期开始出现，但是它们获得显著发展却是在学前期。例如，在这一时期，当一项任务要求他们延迟某种反应时，儿童开始能够按要求压制他们对某些事物不做出反应（Carlson，Moses & Hix，1998）。脑电生理的研究也表明，错误相关负波（ERN）是个体自我监控的标志，其神经发生源位于前额叶皮质的中线附近，即前扣带回附近（Collins & Tucker，2000）。

综上所述，延迟满足自我控制能力的发展可能会受性别差异与生理基础的影响，而这些因素的作用在3～5岁幼儿阶段表现突出。关于这方面个体差异的研究还有待进一步明确。

五、关于延迟满足选择倾向的相关影响因素研究

首先，纵观国内外的实证研究，可以看到研究者虽然关注对影响亲社会延迟满足选择倾向的各种因素的研究，但这些研究都是单独研究一种影响因素的作用，没有综合考虑这些可能对亲社会延迟满足选择倾向产生影响的因素。虽然这些研究分别证明了同伴关系、年龄、选择情境、心理理论、执行功能、观点采择等都会影响到幼儿的亲社会延迟满足选择行为，但在这些因素中，哪些因素对幼儿亲社会延迟满足产生的影响起主导作用，哪些因素会结合起来交互影响幼儿亲社会延迟满足行为产生，都还不甚清晰。因此，有必要将各影响因素结合起来，全面考察多种影响因素对幼儿亲社会延迟满足选择倾向发展的影响作用。

其次，以往研究大多关注3～4岁年龄段幼儿的亲社会延迟满足选择倾向，国外虽也有对5岁幼儿的研究，但是并未发现幼儿亲社会延迟满足选择倾向存在显著的年龄差异；国内更是没有见到对5岁幼儿亲社会延迟满足选择倾向的研究。但是5岁阶段的幼儿不论是在观点采择、心理理论、执行功

能的能力上，还是在同伴关系和延迟满足行为的发展上都处在快速而重要的发展时期，也是儿童向学龄期过渡的一个承上启下时期。因此，本研究将研究对象的年龄取样范围扩大到5岁，试图探讨3~5岁整个幼儿期，多种影响因素对幼儿亲社会延迟满足选择倾向发展的影响作用。

最后，在Thompson等人（1997，1998）的研究中，他们采用了相关分析的方法来检验亲社会延迟满足选择倾向与心理理论和执行功能的关系；在王月花等人的研究中，他们也采用了相关分析的方法来检验亲社会延迟满足选择倾向同抑制控制与灵活表征能力和归纳概括能力之间的关系，这些研究在本质上属于相关研究类型。但是，相关研究是不能提供因果性结论的，所以也就不能确定到底是这些其他因素的发展导致了亲社会延迟满足的发展，还是亲社会延迟满足的发展导致了这些其他因素的发展。而且统计分析方法在实证研究中的运用对于结果分析是至关重要的，研究者对数据做何种统计分析决定着研究者对研究结果做何种解释。因此，本研究设计类型采用多因素实验设计，并运用多因素多元方差分析处理数据结果，力图得到较为准确的因果关系结论。

第三节　研究总体思路、研究问题与研究意义

一、研究总体思路

遵循上述指导思想，在已有研究背景分析基础上，本研究形成了具有如下内在逻辑的总体研究思路。

首先，研究关注幼儿延迟满足自我控制能力的初级行为阶段——延迟选择倾向的发展特点问题，将重点分析延迟选择倾向的不同表现形式的年龄特征及其与幼儿个体人格与社会性行为发展之间的相关性。

其次，研究关注幼儿延迟满足自我控制能力的高级行为阶段——选择性延迟满足维持能力的发展特点问题，将重点分析选择性延迟满足维持能力发展的年龄特征、其对儿童个体远期发展的预期作用，以及其发展的跨文化差异问题。

最后，在上述实证研究的基础上，根据研究结果得出的幼儿延迟满足自我控制能力发生与发展的规律，为家庭教育、幼儿园教育提供有针对性的教育策略建议。

二、研究问题与假设

从上述研究总体思路出发，研究将分别考察如下具体研究问题。

（一）幼儿延迟满足选择倾向发展的年龄特征及其与责任心发展的关系

幼儿延迟满足选择倾向发展与责任心发展之间的关系是一个十分现实的研究问题。在我国多数家庭，尤其是“421”家庭中（即四个老人、一对父母、一个独生子女），家长对子女的过分溺爱、娇惯，已造成不少子女人格上的缺陷，使其形成“唯我独尊”“以自我为中心”的不良倾向，逐渐养成了依赖性强、胆小怕事、自私自利、蛮横无理等性格。上海市精神卫生中心儿童行为研究室的一项调查表明，69. 3% 的儿童存在着注意力缺陷、性格偏异、精神活动障碍等症状。另一项调查则显示，失足学生中，家长对孩子溺爱造成的约占 80% 。此外，青年“啃老族”的调查认为，有 90% 以上的人是由童年时父母的溺爱所导致。所以，对子女的施爱要恰如其分，要以培养责任心为爱的原则。尤其应从童年开始。一些教育专家建议教育要做到：满足孩子的精神和物质需求要适当延迟。如果父母一味超前满足孩子的需求，在他们还不需要时，就预先准备好，甚至一些不合理的要求都有求必应，这种做法是非常错误的。应该延迟满足他的一切需求，尤其是物质上的，让他知道来之不易，这样才会珍惜。对不合理的要求绝不妥协，否则他们抓住父母情感上的弱点，以后就会要挟父母。

所以要从小培养孩子延迟满足的能力，应该让孩子从很小的时候就懂得，许多事想要立即得到满足是不可能的，要学会等待。在等待的过程中，儿童能很好地控制自己的冲动行为，学会为自己的行为负责，才有可能成为一个有责任心的人。故本研究着重于考察幼儿延迟满足选择倾向与责任心发展之间的关系。了解幼儿的自我延迟满足和责任心的发展特点，并探寻二者之间的关系。

根据对以上研究问题的分析，提出如下基本假设。

假设 1－1：3～5 岁幼儿延迟满足选择倾向年龄差异显著，性别差异显著。

假设 1－2：3～5 岁幼儿责任心发展年龄差异显著，性别差异显著。

假设 1－3：拥有不同水平延迟满足选择倾向的幼儿在责任心发展上存在显著差异。

（二）幼儿亲社会延迟满足选择倾向发展的年龄特征与亲社会动机、同伴关系、诱惑物表征对发展的影响

根据 Mischel 的延迟满足两阶段成分模型可知，延迟满足过程分为延迟选择和延迟维持两个阶段。国内外学者对儿童延迟维持能力特征的研究从延迟时间、延迟策略的年龄发展特点到注意认知因素、情绪情感、父母教养、社会文化等各种影响因素的研究已较为完善；对于儿童延迟选择倾向的研究虽然起步很早，但大多涉及的是对年长儿童的研究以及跨文化研究，研究数量较前者相比少很多；而将儿童延迟满足选择行为与亲社会行为两种行为特质结合起来的研究就更是少之又少。因此，本研究将主要研究幼儿亲社会延迟满足选择倾向的发展问题。这里"亲社会延迟满足选择倾向"，专指幼儿为了与他人分享或使他人的利益最大化而做出延迟满足选择的行为倾向。

本研究在总结借鉴前人研究的基础上，概括了四种可能对幼儿亲社会延迟满足选择倾向产生影响的因素，分别是：幼儿年龄、亲社会动机情境、同伴关系和诱惑物表征。在幼儿年龄方面，选取 3 岁、4 岁、5 岁三个年龄段。在实验情境方面，已有研究中有的将研究情境设置为为自己选和为他人选，也有的将研究情境设置为分享情境和延迟满足情境，考虑到本研究要考察的对象是幼儿亲社会延迟满足选择倾向，并借鉴前人的研究经验，本研究将实验情境设置为三种亲社会动机情境，分别是：为自己而分享、为他人而分享、完全利他的亲社会动机情境。在同伴关系方面，已有研究对其有所关注，综合各家观点，本研究将同伴关系分为：幼儿喜欢的、不喜欢的、陌生的同龄同性别同伴三种。在诱惑物表征方面，以往研究大多采用两种不同类型的诱惑物作为奖励，但是这样被试对诱惑物的偏爱性将构成一种无关变量可能会

影响到实验结果；而且以往对幼儿自我延迟满足延迟维持能力的研究已经发现，作为奖励的诱惑物以不同的表征形式呈现会影响到幼儿的延迟选择倾向与延迟维持时间的长短，据此推断诱惑物以什么样的表征形式呈现也可能影响幼儿的亲社会延迟满足选择倾向，因此本研究只采用一种诱惑物作为奖励，但是分别以实物表征、照片表征、简笔画表征三种呈现方式来向幼儿展现诱惑物，三种表征方式逐步提升诱惑物的抽象水平。

根据对以上研究问题的分析，提出如下基本假设。

假设2－1：随着年龄的发展，幼儿更倾向于选择延迟满足。

假设2－2：幼儿的亲社会延迟满足选择倾向会受到不同亲社会情境下亲社会动机的影响，在为了自己而与同伴分享的情境下幼儿更倾向于选择延迟满足。

假设2－3：幼儿亲社会延迟满足选择倾向会受到受益同伴与幼儿的关系的影响，为了与自己喜欢的同伴分享或使自己喜欢的同伴能得到更大的利益，幼儿更倾向于选择延迟满足。

假设2－4：幼儿亲社会延迟满足选择倾向会受到诱惑物表征水平的影响，面对抽象表征的诱惑物幼儿更倾向于选择延迟满足。

（三）幼儿选择性延迟满足维持能力发展的年龄特征

Mischel 采用延迟满足选择等待范式的研究主要集中在儿童维持选择性延迟满足的注意与认知机制问题上，并得到了很多有价值的研究结论。但其过多地关注认知因素对选择性延迟满足的影响，却忽视了对单纯等待情境下的选择性延迟满足自我控制行为内部奥秘的探究，对幼儿阶段延迟满足自我控制能力发展特点的年龄差异研究在取样上具有局限性，对不同年龄段幼儿使用延迟策略只停留在描述性的简单分类水平，没有得出量化的具有规律性的年龄特征。而在2岁以前的儿童还不具有无成人监督条件下的真正自我控制能力，只有3～5岁儿童才表现出没有成人监督的真正的自我控制或自我调节，因选择性延迟满足属于自我控制能力范畴，所以本研究将选取3～5岁幼儿作为研究对象。为了进一步深入探索我国幼儿选择性延迟满足自我控制能力的发展特点，本研究将依据 Mischel 延迟满足的选择等待实验范式，将实验室实验与情境观察有机结合，观察并分析幼儿选择性延迟满足自我控制维持过程中的自发行为表现，分年龄段取样，考察我国3～5岁幼儿选择性延迟满足维持能力发展的年龄特征。

根据对以上研究问题的分析，提出如下基本假设。

假设3：3～5岁幼儿延迟满足自我控制能力（选择性延迟满足维持能力）发展水平随着年龄的增长而发展。随着幼儿年龄的增长，平均延迟时间显著增加；不同年龄段幼儿延迟策略的使用具有年龄特征，随着幼儿年龄的增长，使用的延迟策略水平逐渐提高。

（四）幼儿选择性延迟满足维持能力对学龄中期学校社会交往能力发展的预期作用

以往研究已经表明，儿童早期的延迟满足自我控制能力高低大多对他们进入青春期乃至成年期社会适应表现或某些问题行为的发展具有预期作用。但儿童早期的延迟满足自我控制能力发展水平是否也具有可以预期儿童在小学阶段的学校适应表现的作用还不明确。

当儿童进入小学阶段其社会适应的主要表现是对学校生活的适应。所谓学校适应，主要是指儿童对学校的学习环境、气氛、条件和学习节奏等的适应，具体表现为儿童能否掌握学习和人际交往的各种技能，能否遵守学校的各种规范要求（黄希庭，杨治良，林崇德，2003）。回顾国内外儿童学校适应的相关研究可见，对儿童学校适应的评定主要可分为两类倾向：一类是对儿童是否喜欢学校，是否喜欢学习，是否具有较高的学业成就等学业能力的评定（Mantzicopoulos，2003；Zettergren，2003；Ladd & Burgess，2001）；另一类是对儿童能否很好地遵守学校规定的各种行为规则、执行各种学习与活动任务（Reijntjes，Stegge & Terwogt，2006；Santtila，Sandnabba & Wannäs，et al.，2005），能否与教师和同伴之间有正常的人际交往（Henricsson & Rydell，2006；Rossem & Vermande，2004；McDowell & Parke，2005；Bhattacharya，2000），是否具备健康的社交情感（Hamre & Pianta，2001；Buhs & Ladd，2001；Rotenberg，Macdonald & King，2002）等社会交往能力的评定。最初人们仅把学业表现作为衡量儿童学校适应的指标，20世纪30年代开始出现儿童的同伴接纳问题的研究（Buhs & Ladd，2001），但这两个问题一直是相互分离的。进入20世纪八九十年代，研究者认为儿童在与同伴交往过程中表现出的能力便是社会交往能力（McDowell & Parke，2005；Bhattacharya，2000），并将社会交往能力与学校适应问题的研究结合起来，研究同伴接纳、孤独感等同伴交往情绪等对学业成功的影响（Buhs & Ladd，2001；Rotenberg，Macdonald & King，2002），近几年又进一步关注同伴拒绝对儿童学校适应的影响（Zettergren，2003；Reijntjes，Stegge & Terwogt，2006；Buhs & Ladd，2001）。几乎也从20世纪90年代末起，研究者开始关注师生关系对学校适应的影响作用（Henricsson & Rydell，2006；Hamre，& Pianta，2001；Carolle & Claire，1994），并将社会交往能力的内涵扩充为与教师和同伴关系有关的能力。许多研究发现儿童成功的学校适应往往是与社会交往能力相联系（Henricsson & Rydell，2006），于是研究者也纷纷将在学校背景内的社会交往能力作为衡量儿童学校适应的重要指标。此后，研究者又将注意力进一步转入研究可能影响儿童学校适应发展的各种因素上，如研究父母的作用、班级、学校、文化价值观等外界环境因素（Rossem & Vermande，2004；McDowell & Parke，2005；Bhattacharya，2000；Ketsetzis，Ryan & Adams，1998；Hutchby，2005；Walker，2005；Kuperminc，Blatt & Shahar，et al.，2004），这方面的研究较多；再如研究儿童的自尊、自我主张等人格特征，言语、社会信息加工、心理理论的认知能力等儿童自身因素对学校适应发展的影响作用（McDowell & Parke，2005；Ketsetzis，Ryan & Adams，1998；Hutchby，2005；Walker，2005；Kuperminc，Blatt & Shahar，et al.，2004；Crick & Dodge，1994），这方面的研究则比较薄弱。近年来，有研究认为那些父母的作用等外界环境变量是通过自尊等儿童自身人格特征为中介变量来间接影响儿童学校适应的（McDowell & Parke，2005；Hamre & Pianta，2001）。可见，人格特征的差异很可能是影响儿童学校适应的直接因素。

约从小学中年级（9岁时）开始，儿童思维的发展从具体形象性向抽象逻辑性转变，这时在学校集体生活的影响下，其自我评价的独立性与批判性得到发展，并逐渐养成在各种学校活动中的自我控制习惯（朱智贤，1993），这一时期的儿童具有典型的小学生特点，儿童已经度过了由于环境和任务发生变化而可能普遍出现社会适应困难的幼小衔接期，基本适应了小学生活。

但是，人格差异对儿童学校适应发展的作用则凸显出来。从4岁开始儿童延迟满足自我控制能力已经表现出明显的个体差异，此后4～9岁的5年成长期内，如果儿童个体之间的自我控制能力发展的人格差异相对稳定，则从理论上说明儿童4岁时以选择性延迟满足为核心的自我控制能力可以持续对儿童的发展起作用。因此，有必要进一步明确儿童4岁时的选择性延迟满足维持能力与其小学中年级时（9岁时）学校适应发展之间的关系。

也有研究发现，幼儿延迟满足自我控制能力发展特点，以及儿童学校适应中的社会交往能力的发展都是具有显著的跨文化差异的心理现象（Bhattacharya，2000；Kuperminc，Blatt & Shahar，et al.，2004；杨丽珠，王江洋，刘文等，2005），而上述的众多有关自我延迟满足能力预期作用的研究报告多是来自西方社会文化背景的结论。因此，无论是考察儿童早期自我延迟满足能力的预期作用，还是探究儿童学校社会交往能力的发展，都应进一步在东方社会文化背景内来重新加以审视。而对于在我国社会文化价值观和营造和谐社会的国情背景下儿童早期延迟满足自我控制能力对于学校社会交往能力的预期作用如何尚缺乏研究。

根据对以上研究问题的分析，提出如下基本假设。

假设4－1：4岁时延迟满足自我控制能力高的幼儿比延迟满足自我控制能力低的幼儿调配注意的认知灵活性与计划性强，延迟策略的使用显著多，4岁延迟满足自我控制能力中等的幼儿情况处于两者之间。

假设4－2：4岁时延迟满足自我控制能力高的幼儿在9岁时经教师评定的学校社会交往能力各方面均显著好于4岁延迟满足自我控制能力低的幼儿，4岁延迟满足自我控制能力中等的幼儿情况处于两者之间。

假设4－3：4岁时延迟满足自我控制能力高的幼儿在9岁时经同伴提名获得的接纳水平显著高于4岁延迟满足自我控制能力低的幼儿，他们更容易赢得同伴的喜爱，4岁延迟满足自我控制能力中等的幼儿情况处于两者之间。

假设4－4：4岁时延迟满足自我控制能力低的幼儿在9岁时社交焦虑和孤独感体验显著高于4岁延迟满足自我控制能力高的幼儿，他们更容易出现社交焦虑和孤独感，4岁延迟满足自我控制能力中等的幼儿情况处于两者之间。

（五）幼儿选择性延迟满足维持能力发展的跨文化差异

以往关于延迟满足自我控制能力的跨文化研究主要集中在对延迟选择问题的研究上（利伯特，1983，刘范译；Mischel，1961a；Rotenberg & Mayer，1990）。但是，研究者的结论却不一，有的认为延迟选择具有跨文化差异性特点，有的认为延迟选择具有跨文化一致性特点。但是，至今还未见到关于延迟维持问题的跨文化研究。已有研究认为，一个群体的文化价值观可以通过父母的教养信念和教养实践影响儿童早期的各种自我调节能力的发展（Meléndedz，2005）。延迟满足控制能力是个体自我调节能力的高级阶段，它主要在3～5岁幼儿期得到显著发展，那么在幼儿阶段这种能力是否会受到社会文化因素的影响，在不同文化背景中的幼儿其延迟满足自我控制能力有何差异、有何相似，以往研究还很少见。为了进一步深入探索社会文化因素对幼儿延迟满足自我控制能力发展的影响，本研究将依据Mischel自我延迟满足的选择等待实验范式，将实验室实验与情境观察有机结合，观察并分析幼儿延迟满足自我控制过程中的自发行为表现。采用跨文化比较的方法，对中国和澳大利亚3.5～4.5岁幼儿的延迟满足自我控制能力的发展进行比较，以揭示不同社会文化背景下的幼儿在延迟维持行为表现上的差异与共性，并试图从分析两国社会文化价值观和教育差异的角度，解释影响儿童延迟满足自我控制能力发展的深层原因。

根据对以上研究问题的分析，提出如下基本假设。

假设5－1：受社会文化因素影响，中国和澳大利亚3.5～4.5岁幼儿延迟满足自我控制的平均延迟时间有显著差异，使用的延迟策略特点具有一定差异性。

假设5－2：受年龄因素的制约，中国和澳大利亚3.5～4.5岁幼儿延迟满足自我控制使用的延迟策略特点也会具有一定一致性。

三、研究意义

（一）理论意义

1. 有助于了解中国儿童延迟满足自我控制能力发生与发展的基本规律

班杜拉等人（1963）的一项研究认为，儿童的延迟满足自我控制能力受文化因素影响很大（利伯特，1983）。在西方文化中，延迟满足可能是一种通行的准则，但是这并不能说明在其他的文化种群中也普遍适用，或有着相同的发展规律与特点。延迟满足对于不同文化中的被试可能具有不同的意义。尽管国外对延迟满足的研究已相当广泛，并取得巨大进展，但其中国本土化的研究还相当不足，迫切地需要进行本土化的多层面的研究，为我国儿童延迟满足自我控制能力的培养和干预提供心理学依据。

2. 有助于进一步深化和促进心理学对儿童自我意识发展的研究

依据系统论的观点，该系统的每一个子系统都具有重要的功能与作用，它会对总系统产生重要的影响。如前所述，延迟满足自我控制能力是自我控制的核心成分，而自我控制又是自我意识的核心成分，因此对儿童延迟满足自我控制能力的发生与发展规律的研究，必将促进发展心理学对儿童自我意识问题的研究。

3. 有助于促进心理学对儿童自我控制与亲社会行为等品德发展之间关系问题的研究

斯宾塞的伦理学思想曾提出，“责任的意识——独特的道德意识——是由遥远的目标来控制近期的目标，复杂的目的来控制简单的目的，由理想或典型来控制表象。一个未充分发展的个体或种族只顾眼前；成熟的个体或种族则是由对未来的预见所控制……智力和文化的每一步发展，不论是对个体来说还是对种族来说，都取决于将眼前的，简单的，自然方向现实的倾向和目标从属于遥远的，复合的，仅仅是理想方面的现时的倾向”①。伦理学中的道德，实质就是心理学中的品德。

Kanfer 等人（1981）研究表明，为他人而延迟满足的自我控制与利他行为心理机制具有相似性（Kanfer，Stifter & Morris，1981）。由此引发出对亲社会延迟满足行为的研究。而关于幼儿亲社会延迟满足选择倾向的研究，在国内外还是一个崭新的领域，直接研究很少。国外开始关注这一问题的时间比国内早一些，虽然已经探讨了一些该行为的影响因素，但因为并未出现中西方的跨文化研究，所以这些影响因素并不见得适用于我国儿童。而目前国内

---

① 简·卢文格. 自我的发展［M］. 韦子木，译. 杭州：浙江教育出版社，1998：259.

对幼儿亲社会延迟满足选择倾向的发展与影响因素的研究还非常少，已有的研究虽然分别采用过博弈任务和延迟满足任务对幼儿亲社会延迟满足选择倾向进行过研究，但对其影响因素的考察还不甚完备。而不论是幼儿的延迟满足能力还是亲社会行为的发展，对他们在幼儿期以及毕生的发展都具有极其重要的影响。基于上述原因，我们对幼儿亲社会延迟满足能力的发展及影响因素的考察是十分必要的。同时引入诱惑物表征水平、同伴关系等因素，考察幼儿在不同亲社会动机情境下的亲社会延迟满足选择倾向，也为幼儿延迟满足能力和亲社会行为的研究提供了更为生态化、社会化的审视角度，提高了研究的外部效度。这对于深入了解幼儿的延迟满足能力和亲社会行为发展之间的关系具有重要理论意义。因此，对延迟满足自我控制问题的研究还有助于进一步揭示自我控制与儿童品德发展之间的关系问题。

4. 有助于心理学进一步深化对儿童乃至更为广泛的人类适应问题的研究

已有一些研究表明根据儿童早期延迟满足可以预期其远期社会适应发展水平。Perry 和 Weinstein（1998）曾认为，延迟满足本身就是儿童学校适应的重要衡量指标。进入 20 世纪 90 年代，美国心理学家丹尼尔·戈尔曼首次将延迟满足概念纳入情绪智力的结构中。他认为情绪智力是人类最重要的生存能力，人生的成就至多 20% 可归诸智力，另外 80% 则要受情绪智力等其他因素的影响。情绪智力与个体的社会适应、个性发展、事业成功以及社会道德建设具有重要意义。多数有关情绪智力的论述其所援引的实验原型便是 Mischel 著名的“两块软糖”实验。与此同时，关于延迟满足差异问题的研究也备受关注，对不同文化背景、不同种族以及正常群体与特殊群体延迟满足的差异研究，将使延迟满足扩展到更为广泛的人类适应机制的研究中。

（二）实践意义

1. 可以为当今我国幼儿园实施充分发展幼儿人格的自主性教育和情绪教育提供良好的突破口

来自上海、北京、广州、武汉等 15 个城市的儿童心理和行为学、儿童神经和精神发育学方面百余位权威儿童医学保健专家对我国学龄前儿童常见的 34 种问题行为的调查结果显示，注意力差、难以完成任务位列我国学龄前

（3～6岁）儿童身心健康发育最常见的十大问题行为的榜首（周兆钧，余传诗，2004）。这反映了我国儿童的自我控制能力差的发展现状。这种现象使我们认识到传统的他控教育模式约束儿童个性自由发展和限制儿童独立自主解决问题的能力发展的弊端。而延迟满足本身就是一种重要的人格特质，儿童从成功的延迟满足过程中也将会获得自主问题解决技能的增强。因此，在幼儿园中开展针对促进幼儿延迟满足自我控制能力发展的培养教育，将会充分体现对幼儿人格自由和谐发展的促进，丰富和深化现代幼儿园自主性教育的开展。此外，幼儿延迟满足自我控制能力的增强还可以促进其情绪调控能力的增强，所以从培养延迟满足自我控制能力入手进行幼儿情绪教育，可以有效促进幼儿情感智慧的发展。

2. 可以从培养亲社会延迟满足行为角度发展幼儿的社会适应能力

国内外大量研究都表明，延迟满足是自我控制的核心成分，是人类主体意识和智慧的集中体现，在人类种系的进化史上和人类个体的发展中具有十分重要的意义。它是个体自我发展、自我实现以至日趋完美的基本前提和根本保障；也是社会文明和发展不可或缺的社会美德。与此同时，作为亲社会行为重要组成部分的分享和利他行为，也与人类的社会生活密切相关，儿童亲社会行为的发展，可以促进儿童理解、分享、关爱他人，与人友好合作、相互关心、帮助他人，从而有利于儿童良好人际关系的形成。因此，研究延迟满足与亲社会行为的结合体——亲社会延迟满足选择倾向，探索这种行为倾向的影响因素，具有重大的现实意义。这使我们可以通过探讨幼儿亲社会延迟满足选择倾向的影响因素找到培养幼儿亲社会延迟满足选择倾向的方法，并在现实情境中有意识地培养和增强幼儿的亲社会延迟满足行为，使他们具有更好的社会适应能力，这样不仅可以提高个人的生活质量，还会使全民的素质得到提高。

3. 可以从培养延迟满足行为角度发展幼儿的责任心

一些教育专家建议教育要做到：满足孩子的精神和物质需求要适当延迟。如果父母一味超前满足孩子的需求，在他们还不需要时，就预先准备好，甚至一些不合理的要求都有求必应，这种做法是非常错误的。应该延迟满足他们的一切需求，尤其是物质上的，让他们知道来之不易，这样才会珍惜。对不合理的要求绝不妥协，否则他们抓住父母情感上的弱点，以后就会要挟父母。所以要从小培养孩子延迟满足的能力，应该让孩子从很小的时候就懂得，许多事想要立即得到满足是不可能的，要学会等待。在等待的过程中，儿童能很好地控制自己的冲动行为，学会为自己的行为负责，这样才有可能成为一个有责任心的人。因此，从小培养延迟满足行为有利于责任心的建立与发展。

4. **可以为幼儿园和家长对儿童进行日常教育提供心理学依据和可借鉴的实用教育建议及方法**

很多家长和教师经常反映，某个儿童真是一个难以管教的孩子，如果他/她的需要从成人那里得不到满足，便会哭闹不堪，家长便只好尽量满足他/她的要求，长此以往便养成了极为任性的坏毛病。而事实上，儿童这种任性的行为正是其缺乏延迟满足自我控制能力的结果。如果家长和教师能够认识到这个问题，并依据心理学中揭示的儿童延迟满足自我控制能力发展的年龄特点，采取适当的教育方法和措施，注意提高儿童延迟满足自我控制能力，便会避免儿童变得任性。

Chapter 3

第三章 幼儿延迟满足选择倾向的发展

第一节　幼儿延迟满足选择倾向发展的年龄特征

一、研究目的

本研究的目的是采用延迟满足选择实验范式，研究实物类和玩具类奖励物在高、中、低三个价值水平上的选择倾向发展的年龄特征。

二、研究方法

（一）被试

预实验被试：在沈阳市某幼儿园内随机抽取 30 名幼儿。其中，3 岁组幼儿 10 人（男女人数各半），4 岁组幼儿 10 人（男女人数各半），5 岁组幼儿 10 人（男女人数各半）。

正式实验被试：在沈阳市随机抽取三所普通幼儿园 3 ~ 5 岁幼儿 105 人。其中，3 岁组 31 人（男 18 人，女 13 人），4 岁组 40 人（男 15 人，女 25 人），5 岁组 34 人（男 19 人，女 15 人）。

（二）实验工具和材料

薯片若干；儿童闹钟 1 个；食物类和玩具类奖励物，每类奖励物各有三种价值水平（棒棒糖 1 个、2 个、3 个，见图 3 - 1；大、中、小号 3 个奥特曼人偶玩具，见图 3 - 2）；8 个小碟子（标有 1 ~ 8 号）；笔；记录纸；幼儿用小桌椅 1 套。

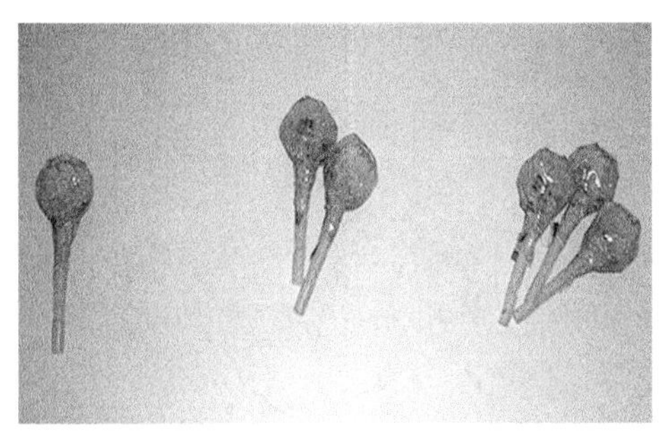

图3－1　食物类奖励物（棒棒糖）

图3－2　玩具类奖励物（奥特曼人偶）

（三）实验设计

采用3×2×2×3四因素混合实验设计。被试间变量为：年龄（3、4、5岁）、性别（男、女）；被试内变量为：奖励物的类别（食物、玩具）、奖励物的价值水平（低、中、高）。因变量为延迟满足选择倾向，其记分方法为：被试做的自发选择，如果选择低价值水平记1分，选择中价值水平记2分，选择高价值水平记3分；食物和玩具奖励物分开记分。

（四）实验程序

首先，对该幼儿园的教师、家长、幼儿自身进行口头访谈，已确定3～5岁幼儿比较喜欢的食物类别（例如，棒棒糖、巧克力、旺旺雪饼）和玩具类别（例如，奥特曼人偶、沙滩球、小汽车、毛绒玩具）。从中选择出每类幼儿最喜欢的物品作为实验用奖励物。最后食物类确定为棒棒糖，玩具类确定为奥特曼人偶。

其次，为了让被试熟悉主试，消除对主试的恐惧，正式实验前要做热身：主试表示要与被试玩一个有趣的游戏。在小桌子上摆上装有一片薯片（1号碟子）和两片薯片（2号碟子）的碟子，让小朋友自己选择一个碟子。然后，主试对被试说："这两盘薯片你想吃哪盘?"被试做出选择后，主试对被试说："你要等15秒之后才可以吃你想要的这盘薯条。"主试拿着钟表，示意被试开始计时，等大指针（秒针）走到草莓（15秒）的时候说停，这样就可以吃薯片了。以此来让被试理解等待时间与奖励物的因果关系。

然后，开始正式实验：

实验过程是在模糊条件下的自发延迟选择，在被试不知道奖励物价值水平与等待时间长短之间关系的模糊条件下，让被试自发选择其喜欢的食物和玩具。

主试从另一个房间，拿来正式实验的奖励物，继续做游戏。在小桌子上左右两端各放三个小碟子（依次为3～8号），分别装入不同价值水平的食物和玩具，奖励物的左右呈现顺序在被试间按拉丁方顺序平衡顺序效应。

主试说："这一边的这三盘糖果，你更喜欢要哪一盘；那一边的这三盘玩具，你更喜欢玩哪一盘?"主试做记录。

接着第一阶段的实验，主试说："你选择的这盘糖果明天/后天才可以得到，选择这一盘明天/后天才可以得到，选择那一盘就可以现在吃/玩一会儿。"例如，当被试首次选择了低价值水平的玩具，主试说："好了，现在你就可以跟这个奥特曼玩一会儿了，给你玩吧。"

为确定被试是否理解主试的指导语，需要分别向他提出六个相似的问题，即"你现在/明天/后天可以得哪盘糖/哪个玩具?"若幼儿不能正确回答，主试再重复前面的指导语，直到幼儿理解任务，能够正确回答为止。幼儿正确回答后，主试马上把糖果、玩具给被试吃、玩，或者告诉被试是明天/后天可以得到糖果、玩具。然后送被试回教室坐好。

上述实验程序经过预实验被试的检验后，在正式实验中予以采纳。

三、结果与分析

（一）3～5岁幼儿延迟满足选择倾向得分的差异比较

3～5岁幼儿延迟满足选择倾向得分的描述统计结果见表3－1。

表3－1 3～5岁幼儿延迟选择倾向得分的描述统计

年龄	延迟选择类别	性别	n	M	SD
3岁	食物类选择	男	18	2.000	0.907
		女	13	1.615	0.768
	玩具类选择	男	18	2.222	1.003
		女	13	1.385	0.650

续表

年龄	延迟选择类别	性别	n	M	SD
4 岁	食物类选择	男	15	1.600	0.910
		女	25	1.880	0.881
	玩具类选择	男	15	2.133	0.834
		女	25	1.680	0.945
5 岁	食物类选择	男	19	2.053	0.848
		女	15	1.667	0.900
	玩具类选择	男	19	1.895	0.737
		女	15	2.200	0.862

以对两类奖励物的延迟满足选择倾向得分为被试内变量（食物与玩具），以年龄和性别为被试间变量，做重复测量方差分析，结果见表 3－2。延迟选择类别、年龄、性别三个主效应均不显著；延迟选择类别与年龄和性别的二次交互作用、年龄与性别的二次交互作用也均不显著；但是三者的三次交互作用显著。对这个三次交互作用进一步简单效应分析。在三个年龄段的两种延迟选择条件下，分别做性别差异的独立样本 t 检验，结果见表 3－3，只有 3 岁幼儿在玩具类延迟选择条件下，存在显著的性别差异，男生高于女生；而 3 岁幼儿在食物类延迟选择条件下，不存在显著性别差异；4 岁、5 岁幼儿在两种延迟选择条件下，均不存在显著性别差异。

表 3－2　3～5 岁幼儿延迟选择倾向的重复测量方差分析

变异来源		SS	df	MS	F
被试内效应	延迟选择类别	0.684	1	0.684	1.153
	延迟选择类别 × 年龄	0.351	2	0.175	0.296
	延迟选择类别 × 性别	0.342	1	0.342	0.577
	延迟选择类别 × 年龄 × 性别	4.898	2	2.449	4.130*
	误差	58.706	99	0.593	

续表

变异来源		SS	df	MS	F
被试间效应	年龄	0.866	2	0.433	0.474
	性别	3.040	1	3.040	3.328
	年龄×性别	3.181	2	1.590	1.741
	误差	90.443	99	0.914	

注：* 表示 $p<0.05$。

表 3-3　3~5 岁幼儿延迟选择倾向的性别差异检验

年龄	延迟选择类别	性别	M	SD	t
3 岁	食物类选择	男	2.000	0.907	1.240
		女	1.615	0.768	
	玩具类选择	男	2.222	1.003	2.816**
		女	1.385	0.650	
4 岁	食物类选择	男	1.600	0.910	-0.961
		女	1.880	0.881	
	玩具类选择	男	2.133	0.834	1.533
		女	1.680	0.945	
5 岁	食物类选择	男	2.053	0.848	1.283
		女	1.667	0.900	
	玩具类选择	男	1.895	0.737	-1.113
		女	2.200	0.862	

注：** 表示 $p<0.01$。

（二）3~5 岁幼儿做出延迟满足选择人数分布的卡方检验

3~5 岁幼儿做出延迟选择的人数总体统计结果见表 3-4。性别与食物类选择、性别与玩具类选择、年龄与食物类选择的卡方检验结果差异均不显著；而年龄与玩具类选择的卡方检验结果差异显著。进一步做年龄的两两比较，结果发现，3 岁幼儿与 4 岁幼儿在玩具类选择上年龄差异不显著，$\chi^2=0.465$，$p>0.05$；4 岁幼儿与 5 岁幼儿在玩具类选择上年龄差异也不显著，$\chi^2=5.824$，$p>0.05$；3 岁幼儿与 5 岁幼儿在玩具类选择上年龄差异显著，$\chi^2=$

7.556，$p<0.05$。3 岁、4 岁幼儿在三种价值水平上选择人数不均衡，更多愿意选择高价值或低价值，而较少选择中价值；5 岁幼儿则在三种价值水平的选择人数上分布均衡。

表 3-4　3～5 岁幼儿延迟选择人数分布及卡方检验

		食物类选择			χ^2	玩具类选择			χ^2
		低价值	中价值	高价值		低价值	中价值	高价值	
性别	男	23	11	18	0.854	17	14	21	5.433
	女	17	12	14		16	8	16	
年龄	3 岁	14	8	9	1.001	16	3	12	9.981*
	4 岁	21	7	12		20	6	14	
	5 岁	15	8	11		10	13	11	

注：* 表示 $p<0.05$。

在三个年龄段的两种奖励物延迟选择条件下，分别做性别差异的卡方检验，结果见表 3-5。3 岁、4 岁、5 岁幼儿在食物类延迟选择条件下，不存在显著的性别差异；而 3 岁、4 岁幼儿在玩具类延迟选择条件下，存在显著性别差异；5 岁幼儿在玩具类延迟选择条件下，不存在显著性别差异。

表 3-5　三个年龄段男女幼儿延迟选择人数分布及性别差异的卡方检验

年龄	性别	食物类选择			χ^2	玩具类选择			χ^2
		低价值	中价值	高价值		低价值	中价值	高价值	
3 岁	男	7	4	7	2.024	7	0	11	11.065*
	女	7	4	2		9	3	1	
4 岁	男	10	1	4	2.616	4	5	6	8.163*
	女	11	6	8		16	1	8	
5 岁	男	6	6	7	2.989	6	9	4	2.708
	女	9	2	4		4	4	7	

注：* 表示 $p<0.05$。

四、讨论

首先，本研究发现，3 岁幼儿在玩具类延迟选择条件下，延迟选择倾向得分存在显著的性别差异，而在食物类延迟选择条件下，延迟选择倾向得分不存在显著性别差异；4 岁、5 岁幼儿在两种延迟选择条件下，延迟选择倾向得分均不存在显著性别差异。虽然 3 岁幼儿在玩具类延迟选择倾向上有显著性别差异，但是总体而言，男女幼儿在延迟满足选择倾向上没有显著差异。这与左雪（2005）、吴彩萍（2003）的研究结果基本一致。

其次，本研究还发现，3 岁、4 岁、5 岁幼儿在食物类延迟选择条件下，延迟选择的人数分布不存在显著的性别差异；而 3 岁、4 岁幼儿在玩具类延迟选择条件下，延迟选择的人数分布存在显著性别差异；5 岁幼儿在玩具类延迟选择条件下，延迟选择的人数分布不存在显著性别差异。3 岁、4 岁幼儿在玩具类选择的三种价值水平上选择人数不均衡，更多愿意选择高价值或低价值，而较少选择中价值；5 岁幼儿则在三种价值水平的选择人数上分布均衡。

我们可以从幼儿心理发展的特点来说明这种人数分布的规律。首先 3 ~ 4 岁的幼儿做事情、想问题总是以自我为中心，他们对自己感兴趣的事情积极性很高。所以他们大部分是凭自己的第一感觉、喜好做出选择的，缺少价值的衡量，所以人数分布上呈现两极化。而幼儿到了 5 岁，具体运算能力开始发展，他们已经能够做简单的算术，也能够区分符号和符号所代表的事物，所以在做出延迟选择时能真正了解等待时间的长短与奖励物价值的大小之间的关系，因此在人数分布上比较均衡。

我们的延迟选择实验材料是奥特曼人偶玩具和棒棒糖，这两个实验材料的选择都是通过调查得出的目前幼儿园里的小朋友最喜欢、最熟悉的玩具和食物，基本没有性别和年龄的误差。

虽然我们的数据结果不能表明儿童的自发的延迟满足能力随年龄增长而

增长，但在实验过程中，大班幼儿对延迟选择的理解最深，基本上都可以知道自己选的是什么，在等待几天后得到，而且选择高价值的小朋友也不会因为看见选择低价值的小朋友得到奖励物而出现吵闹行为。这可以说，5 岁的幼儿自我延迟满足能力已经有了很好的发展。

五、小结

总体而言，3 ~5 岁幼儿延迟满足选择倾向没有表现出显著的年龄差异和性别差异，仅是 3 岁幼儿表现出微弱的性别差异。

3 ~5 岁幼儿对食物类延迟满足选择倾向的分布不存在显著年龄差异与性别差异；但是在玩具类延迟满足选择倾向的分布上，3 岁幼儿和 4 岁幼儿表现出显著性别差异。

总体而言，3 岁、4 岁幼儿在玩具类延迟满足选择的三种价值水平上选择人数不均衡，更多愿意选择高价值或低价值，而较少选择中价值；5 岁幼儿则在三种价值水平的选择人数上分布均衡。

第二节　幼儿延迟满足选择倾向与责任心发展的关系

一、研究目的

本研究的目的是了解幼儿责任心发展的特点，考察处于不同延迟选择倾向水平幼儿责任心发展的差异，探寻幼儿延迟满足选择倾向与责任心发展的关系。

二、研究方法

（一）被试

在沈阳市随机抽取三所普通幼儿园 3 ~5 岁幼儿 105 人。其中，3 岁组 31 人（男 18 人，女 13 人），4 岁组 40 人（男 15 人，女 25 人），5 岁组 34 人

（男 19 人，女 15 人）。

（二）研究工具

1. 延迟满足选择倾向实验工具与材料

薯片若干；儿童闹钟 1 个；食物类和玩具类奖励物，每类奖励物各有三种价值水平（棒棒糖 1 个、2 个、3 个，大、中、小号 3 个奥特曼人偶玩具）；8 个小碟子（标有 1～8 号）；笔；记录纸；幼儿用小桌椅 1 套。

2. 幼儿责任心测量工具

采用庞丽娟、姜勇编制（1999）的《幼儿责任心发展教师评定问卷》（见附录 A）。该问卷主要包含幼儿自我责任心、任务责任心、他人责任心、集体责任心、承诺责任心、过失责任心六个维度的责任心表现，如“玩完玩具后该幼儿能否主动地收拾整理”“对教师交给的任务/或答应了别人的事能否记住并努力去做”“不小心把别人的东西弄坏了能否主动向人道歉”等。问卷由教师填写，方式为 Likert 五点量表，从“总是能/非常强”记 5 分到“很少能/很差”记 1 分。该问卷共 20 题，分半信度为 0.86，内部一致性系数为 0.94。

（三）研究程序

1. 完成延迟满足选择倾向实验任务

首先，让幼儿完成延迟满足选择倾向实验任务。为了让被试熟悉主试，消除对主试的恐惧，正式实验前要做热身：主试表示要与被试玩一个有趣的游戏。在小桌子上摆上装有一片薯片（1 号碟子）和两片薯片（2 号碟子）的碟子，让小朋友自己选择一个碟子。然后，主试对被试说：“这两盘薯片你想吃哪盘?”被试做出选择后，主试对被试说：“你要等 15 秒之后才可以吃你想要的这盘薯条。”主试拿着钟表，示意被试开始计时，等大指针（秒针）走到草莓（15 秒）的时候说停，这样就可以吃薯片了。以此来让被试理解等待时间与奖励物的因果关系。

其次，开始正式实验：实验过程是在模糊条件下的自发延迟选择，在被试不知道奖励物价值水平与等待时间长短之间关系的模糊条件下，让被试自发选择其喜欢的食物和玩具。

主试从另一个房间，拿来正式实验的奖励物，继续做游戏。在小桌子上左右两端各放三个小碟子（依次为3~8号），分别装入不同价值水平的食物和玩具，奖励物的左右呈现顺序在被试间按拉丁方顺序平衡顺序效应。

主试说："这一边的这三盘糖果，你更喜欢要哪一盘；那一边的这三盘玩具，你更喜欢玩哪一盘？"主试做记录。

接着第一阶段的实验，主试说："你选择的这盘糖果明天/后天才可以得到，选择这一盘明天/后天才可以得到，选择那一盘就可以现在吃/玩一会儿。"例如，当被试首次选择了低价值水平的玩具，主试说："好了，现在你就可以跟这个奥特曼玩一会儿了，给你玩吧。"

为确定被试是否理解主试的指导语，需要分别向他提出六个相似的问题，即"你现在/明天/后天可以得哪盘糖/哪个玩具？"若幼儿不能正确回答，主试再重复前面的指导语，直到幼儿理解任务，能够正确回答为止。幼儿正确回答后，主试马上把糖果、玩具给被试吃、玩，或者告诉被试是明天/后天可以得到糖果、玩具。然后送被试回教室坐好。

2. 幼儿责任心的测量

幼儿责任心的测量由幼儿园教师评定完成。测量工作开始前，针对测量方法及程序，对教师开展专门集中培训，统一要求和明确问卷填写的注意事项。然后，在幼儿园集中组织教师为参加了延迟满足选择倾向实验任务的幼儿开展责任心测评问卷的填写。

三、结果与分析

（一）3~5岁幼儿责任心发展的差异比较

考虑到不同幼儿园之间，各教师之间的评价标准可能存在差异，对责任心的原始数据在幼儿园内进行标准化后再做进一步的统计计算，结果见表3-6。以年龄和性别为自变量，以责任心总分为因变量做多因素一元方差分析，结果见表3-7，只有年龄主效应显著，$p<0.01$；而性别主效应、年

龄与性别交互作用均不显著。对年龄主效应做进一步的多重比较（LSD）结果显示，3 岁与 4 岁（$p<0.01$）、3 岁与 5 岁（$p<0.01$）、4 岁与 5 岁（$p<0.05$）幼儿之间差异均显著。

以年龄和性别为自变量，责任心的六个维度为因变量做多因素多元方差分析，结果见表 3-8，只有年龄主效应显著，$p<0.01$；而性别主效应、年龄与性别交互作用均不显著。以年龄和性别为自变量，在责任心六个维度上的多因素一元方差分析的结果见表 3-9，年龄主效应除过失责任心以外，其余五个维度均显著，$p<0.01$；而性别主效应、年龄与性别交互作用在六个维度上均不显著。对年龄主效应显著的五个责任心维度做进一步的多重比较（LSD）结果显示，在自我责任心维度上，3 岁与 4 岁（$p<0.01$）、3 岁与 5 岁（$p<0.05$）、4 岁与 5 岁（$p<0.05$）幼儿之间差异均显著；在任务责任心维度上，3 岁与 4 岁（$p<0.01$）、3 岁与 5 岁（$p<0.01$）幼儿之间差异显著，4 岁与 5 岁（$p>0.05$）幼儿之间差异不显著；在他人责任心维度上，只有 3 岁与 4 岁（$p<0.01$）幼儿之间差异显著，3 岁与 5 岁（$p>0.05$）、4 岁与 5 岁（$p>0.05$）幼儿之间差异不显著；在集体责任心维度上，3 岁与 4 岁（$p<0.01$）、3 岁与 5 岁（$p<0.01$）、4 岁与 5 岁（$p<0.01$）幼儿之间差异均显著；在承诺责任心维度上，3 岁与 4 岁（$p<0.01$）幼儿之间差异显著，3 岁与 5 岁（$p>0.05$）、4 岁与 5 岁（$p>0.05$）幼儿之间差异不显著。

表 3－6　3～5 岁幼儿责任心各维度的描述统计

年龄	性别	人数	自我责任心		任务责任心		他人责任心		集体责任心		过失责任心		承诺责任心	
			M	*SD*	*M*	*SD*	*M*	*SD*	*M*	*SD*	*M*	*SD*	*M*	*SD*
3	男	18	−2.48	3.95	−1.05	1.87	−1.16	2.34	−1.83	2.14	−0.46	1.96	−0.68	2.05
	女	13	−2.37	4.30	−1.51	2.39	−1.04	2.54	−1.33	2.02	−0.35	2.46	−1.14	2.29
	总	31	−2.43	4.03	−1.25	2.08	−1.11	2.38	−1.62	2.07	−0.42	2.14	−0.87	2.13
4	男	15	1.50	3.10	0.10	1.47	0.99	2.75	1.07	2.58	0.00	2.60	0.35	3.00
	女	25	2.28	3.14	0.99	1.32	0.88	2.10	1.58	2.21	0.60	1.88	0.71	1.96
	总	40	1.99	3.11	0.65	1.43	0.92	2.33	1.39	2.33	0.38	2.16	0.58	2.37
5	男	19	−0.09	4.11	0.32	1.80	0.05	1.97	−0.26	1.60	0.10	1.86	0.06	1.97
	女	15	−0.14	4.80	0.41	1.11	−0.23	2.51	−0.01	2.75	−0.27	1.75	0.17	1.32
	总	34	−0.11	4.36	0.36	1.51	−0.07	2.19	−0.15	2.15	−0.06	1.79	0.11	1.69
总	男	52	−0.45	4.05	−0.21	1.81	−0.09	2.45	−0.42	2.37	−0.12	2.10	−0.11	2.33
	女	53	0.45	4.33	0.21	1.87	0.09	2.42	0.41	2.59	0.12	2.01	0.10	2.00
	总	105	0.00	4.20	0.00	1.85	0.00	2.43	0.00	2.51	0.00	2.05	0.00	2.16

表 3－7　3～5 岁幼儿责任心总分的多因素一元方差分析

变异来源	SS	df	MS	F
年龄	2957.940	2	1478.970	11.821**
性别	19.895	1	19.895	0.159
年龄×性别	61.199	2	30.600	0.245
误差	12386.619	99	125.117	

注：**表示 $p<0.01$。

表 3－8　3～5 岁幼儿责任心六个维度的多因素多元方差分析

变异来源	多变量检验方法	效应值	F	Hypothesisdf	Errordf
年龄	Pillai's Trace	0.387	3.799**	12	190
	Wilks' Lambda	0.640	3.924**	12	188
	Hotelling's Trace	0.522	4.046**	12	186
	Roy's Largest Root	0.424	6.719**	6	95
性别	Pillai's Trace	0.023	0.367	6	94
	Wilks' Lambda	0.977	0.367	6	94
	Hotelling's Trace	0.023	0.367	6	94
	Roy's Largest Root	0.023	0.367	6	94
年龄×性别	Pillai's Trace	0.069	0.569	12	190
	Wilks' Lambda	0.931	0.568	12	188
	Hotelling's Trace	0.073	0.566	12	186
	Roy's Largest Root	0.061	0.963	6	95

注：**表示 $p<0.01$。

表 3-9　3~5 岁幼儿责任心六个维度的多因素一元方差分析

变异来源	因变量	*SS*	*df*	*MS*	*F*
年龄	自我责任心	313.027	2	156.513	10.407**
	任务责任心	65.709	2	32.855	11.716**
	他人责任心	70.556	2	35.278	6.443**
	集体责任心	142.591	2	71.295	14.379**
	过失责任心	8.730	2	4.365	1.020
	承诺责任心	36.249	2	18.124	4.005*
性别	自我责任心	1.886	1	1.886	0.125
	任务责任心	0.741	1	0.741	0.264
	他人责任心	0.231	1	0.231	0.042
	集体责任心	4.442	1	4.442	0.896
	过失责任心	0.325	1	0.325	0.076
	承诺责任心	0.001	1	0.001	0.000
年龄×性别	自我责任心	3.429	2	1.714	0.114
	任务责任心	7.782	2	3.891	1.388
	他人责任心	0.695	2	0.348	0.063
	集体责任心	0.382	2	0.191	0.039
	过失责任心	4.291	2	2.146	0.501
	承诺责任心	2.976	2	1.488	0.329
误差	自我责任心	1488.918	99	15.040	
	任务责任心	277.613	99	2.804	
	他人责任心	542.068	99	5.475	
	集体责任心	490.865	99	4.958	
	过失责任心	423.578	99	4.279	
	承诺责任心	448.066	99	4.526	

注：*表示 $p<0.05$；**表示 $p<0.01$。

(二) 3~5 岁幼儿延迟选择倾向与责任心发展的关系

1. 3 岁幼儿自我延迟满足选择与责任心的关系

分别以性别和食物类选择、性别和玩具类选择作为自变量，以责任心的六个维度作为因变量，做多因素多元方差分析，3 岁幼儿性别和延迟选择分组在责任心六个维度和总分的描述统计见表 3－10。结果显示，两个性别主效应、食物类选择主效应、玩具类选择主效应均不显著，性别与食物类选择、性别与玩具类选择的交互作用也均不显著。分别以性别和食物类选择、性别和玩具类选择作为自变量，在责任心六个维度和责任心总分上的多因素一元方差分析的结果显示，六个维度和责任心总分的所有性别主效应、食物类选择主效应、玩具类选择主效应均不显著，性别与食物类选择、性别与玩具类选择的交互作用也均不显著。

表 3－10　3 岁幼儿性别和延迟选择分组在责任心六个维度和总分的描述统计

责任心维度	性别	价值水平	食物类选择			玩具类选择		
			M	*SD*	*n*	*M*	*SD*	*n*
自我责任心	男	低价值	－0.09	3.57	7	－1.95	2.95	7
		中价值	－3.95	0.00	4	0.00	0.00	11
		高价值	－3.95	3.58	7	－2.82	4.59	18
	女	低价值	－3.02	4.34	7	－3.51	3.67	9
		中价值	－3.02	3.38	4	－1.35	4.92	3
		高价值	2.92	2.61	2	4.76	2.05	1
任务责任心	男	低价值	－0.93	2.06	7	－0.86	1.69	7
		中价值	－1.92	1.53	4	0.00	0.00	11
		高价值	1.97	1.97	7	1.18	0.20	18
	女	低价值	－2.14	2.61	7	－2.02	2.31	9
		中价值	－1.29	2.36	4	－0.92	2.73	3
		高价值	0.19	1.54	2	1.27	0.00	1

续表

责任心维度	性别	价值水平	食物类选择			玩具类选择		
			M	*SD*	*n*	*M*	*SD*	*n*
他人责任心	男	低价值	-0.26	2.42	7	-0.99	1.58	7
		中价值	-0.90	1.66	4	0.00	0.00	11
		高价值	-2.23	2.44	7	-1.28	2.79	18
	女	低价值	-1.82	2.91	7	-1.81	2.56	9
		中价值	-0.87	1.96	4	0.48	1.97	3
		高价值	1.31	0.09	2	1.25	0.00	1
集体责任心	男	低价值	-0.80	1.98	7	-1.94	2.04	7
		中价值	-0.80	1.13	4	0.00	0.00	11
		高价值	-1.86	2.27	7	-1.77	2.31	18
	女	低价值	-3.02	4.34	7	-2.0	0.74	9
		中价值	-3.02	3.38	4	-0.65	3.18	3
		高价值	2.92	2.62	2	2.97	0.00	1
过失责任心	男	低价值	-0.93	2.07	7	-0.97	1.47	7
		中价值	-1.91	1.53	4	0.00	0.00	11
		高价值	1.97	1.97	7	-0.14	2.22	18
	女	低价值	-2.14	2.62	7	-1.12	2.41	9
		中价值	-1.29	2.37	4	1.741	1.88	3
		高价值	0.19	1.54	2	0.28	0.00	1
承诺责任心	男	低价值	0 -.26	2.42	7	-0.22	1.63	7
		中价值	-0.90	1.66	4	0.00	0.00	11
		高价值	-2.22	2.44	7	-0.96	2.30	18
	女	低价值	-1.82	2.91	7	-1.81	2.10	9
		中价值	-0.87	1.95	4	0.07	2.60	3
		高价值	1.31	0.083	2	1.25	0.00	1

2. 4 岁幼儿自我延迟满足选择与责任心的关系

分别以性别和食物类选择、性别和玩具类选择作为自变量，以责任心的六个维度作为因变量，做多因素多元方差分析，4 岁幼儿性别和延迟选择分组在责任心六个维度和总分的描述统计见表 3 - 11。结果显示，两个性别主效应、食物类选择主效应、玩具类选择主效应均不显著，性别与食物类选择、性别与玩具类选择的交互作用也均不显著。分别以性别和食物类选择、性别和玩具类选择作为自变量，在责任心六个维度和责任心总分上的多因素一元方差分析的结果显示，六个维度和责任心总分的所有性别主效应、食物类选择主效应、玩具类选择主效应均不显著，性别与食物类选择、性别与玩具类选择的交互作用也均不显著。

表 3 - 11　4 岁幼儿性别和延迟选择分组在责任心六个维度和总分的描述统计

责任心维度	性别	价值水平	食物类选择			玩具类选择		
			M	*SD*	*n*	*M*	*SD*	*n*
自我责任心	男	低价值	1.59	3.65	10	1.79	1.79	10
		中价值	1.59	0.00	1	1.79	0.00	1
		高价值	1.92	1.54	4	-0.80	3.49	4
	女	低价值	2.56	2.70	11	1.79	1.79	10
		中价值	-0.42	2.64	6	1.79	0.00	1
		高价值	3.92	2.99	8	-0.80	3.49	4
任务责任心	男	低价值	0.46	0.46	10	1.79	1.79	10
		中价值	0.46	0.00	1	1.79	0.00	1
		高价值	-0.53	0.73	4	-0.80	3.49	4
	女	低价值	1.15	1.23	11	1.79	1.79	10
		中价值	-0.08	0.95	6	1.79	0.00	1
		高价值	1.56	1.33	8	-0.80	3.49	4
他人责任心	男	低价值	1.15	1.23	11	1.79	1.79	10
		中价值	-0.08	0.95	6	1.79	0.00	1
		高价值	1.56	1.33	8	-0.80	3.49	4
	女	低价值	1.79	1.79	10	1.79	1.79	10
		中价值	1.79	0.00	1	1.79	0.00	1
		高价值	-0.80	3.49	4	-0.80	3.49	4

续表

责任心维度	性别	价值水平	食物类选择			玩具类选择		
			M	*SD*	*n*	*M*	*SD*	*n*
集体责任心	男	低价值	1.79	1.79	10	1.79	1.7910	10
		中价值	1.79	0.00	1	1.79	0.00	1
		高价值	-0.80	3.49	4	-0.80	3.49	4
	女	低价值	1.79	1.79	10	1.79	1.79	10
		中价值	1.79	0.00	1	1.79	0.00	1
		高价值	-0.80	3.49	4	-0.80	3.49	4
过失责任心	男	低价值	1.79	1.79	10	1.79	1.79	10
		中价值	1.79	0.00	1	1.79	0.00	1
		高价值	-0.80	3.49	4	-0.80	3.49	4
	女	低价值	1.79	1.79	10	1.79	1.79	10
		中价值	1.79	0.00	1	1.79	0.00	1
		高价值	-0.80	3.49	4	-0.80	3.49	4
承诺责任心	男	低价值	1.79	1.79	10	0.24	4.33	4
		中价值	1.79	0.00	1	1.07	3.08	5
		高价值	-0.80	3.49	4	-0.17	2.37	6
	女	低价值	1.79	1.79	10	0.81	2.00	16
		中价值	1.79	0.00	1	-3.00	0.00	1
		高价值	-0.80	3.49	4	1.00	1.56	8

3. 5 岁幼儿自我延迟满足选择与责任心的关系

分别以性别和食物类选择、性别和玩具类选择作为自变量，以责任心的六个维度作为因变量，做多因素多元方差分析，5 岁幼儿性别和延迟选择分组在责任心六个维度和总分的描述统计见表 3 - 12。结果显示，两个性别主效应、食物类选择主效应、玩具类选择主效应均不显著，性别与食物类选择、性别与玩具类选择的交互作用也均不显著。分别以性别和食物类选择、性别和玩具类选择作为自变量，在责任心六个维度和责任心总分上的多因素一元方差分析的结果显示，六个维度和责任心总分的所有性别主效应、食物类选择主效应、玩具类选择主效应均不显著，性别与食物类选择、性别与玩具类选择的交互作用也均不显著。

表 3－12　5 岁幼儿性别和延迟选择分组在责任心六个维度和总分的描述统计

责任心维度	性别	价值水平	食物类选择			玩具类选择		
			M	*SD*	*n*	*M*	*SD*	*n*
自我责任心	男	低价值	1. 59	3. 65	10	1. 59	3. 65	10
		中价值	1. 59	0. 00	1	1. 59	0. 00	1
		高价值	1. 92	1. 54	4	1. 92	1. 54	4
	女	低价值	2. 56	2. 70	11	2. 56	2. 70	11
		中价值	－0. 42	2. 64	6	－0. 42	2. 64	6
		高价值	3. 92	2. 99	8	3. 92	2. 99	8
任务责任心	男	低价值	0. 46	0. 46	10	0. 46	0. 46	10
		中价值	0. 46	0. 00	1	0. 46	0. 00	1
		高价值	－0. 53	0. 73	4	－0. 53	0. 73	4
	女	低价值	1. 15	1. 23	11	1. 59	3. 65	10
		中价值	－0. 08	0. 95	6	1. 59	0. 00	1
		高价值	1. 56	1. 33	8	1. 92	1. 54	4
他人责任心	男	低价值	1. 15	1. 23	11	2. 56	2. 70	11
		中价值	－0. 08	0. 95	6	－0. 42	2. 64	6
		高价值	1. 56	1. 33	8	3. 92	2. 99	8
	女	低价值	1. 79	1. 79	10	0. 46	0. 46	10
		中价值	1. 79	0. 00	1	0. 46	0. 00	1
		高价值	－0. 80	3. 497	4	－0. 53	0. 73	4
集体责任心	男	低价值	1. 59	3. 65	10	1. 15	1. 23	11
		中价值	1. 59	0. 00	1	－0. 08	0. 95	6
		高价值	1. 92	1. 54	4	1. 56	1. 33	8
	女	低价值	2. 56	2. 70	11	1. 15	1. 23	11
		中价值	－0. 42	2. 647	6	－0. 08	0. 95	6
		高价值	3. 92	2. 99	8	1. 56	1. 33	8

续表

责任心维度	性别	价值水平	食物类选择			玩具类选择		
			M	*SD*	*n*	*M*	*SD*	*n*
过失责任心	男	低价值	0.46	0.46	10	1.79	1.79	10
		中价值	0.46	0.00	1	1.79	0.00	1
		高价值	-0.53	0.73	4	-0.80	3.49	4
	女	低价值	1.15	1.23	11	1.79	1.79	10
		中价值	-0.08	0.95	6	1.79	0.00	1
		高价值	1.56	1.33	8	-0.80	3.49	4
承诺责任心	男	低价值	1.15	1.23	11	1.79	1.79	10
		中价值	-0.08	0.95	6	1.791	0.00	1
		高价值	1.56	1.33	8	-0.80	3.49	4
	女	低价值	1.79	1.79	10	1.79	1.79	10
		中价值	1.79	0.00	1	1.79	0.00	1
		高价值	-0.80	3.49	4	-0.80	3.49	4

四、讨论

（一）幼儿责任心的发展

本研究发现，3~5 岁幼儿责任心发展年龄差异显著。4 岁时责任心各维度的发展均比 3 岁和 5 岁时高。不少研究者对幼儿责任心发展是否存在关键期进行了探讨，认为在幼儿期责任心发展上存在关键期。本研究进一步证实和丰富了这一观点，表明 4 岁（中班）是幼儿责任心主要维度发展的关键时期。4 岁是培养幼儿责任心的关键年龄。这既与幼儿园教师的教育有关，又与幼儿自身的心理发展有关。当幼儿进入幼儿园后，教师就开始对幼儿提出各种要求。尤其到了中班（4 岁），教师开始让幼儿承担一些责任，并努力培养幼儿的各种社会性品质，如自己的事情自己做、值日要认真负责、学会关心他人等。在这个过程中，幼儿逐渐发展了他们的责任能力，开始出现更多的责任行为。同时，幼儿的社会认知能力在中班 4 岁时也有了更大的提高。

本研究发现，3~5 岁幼儿责任心发展性别差异不显著。这与杨丽珠、王江洋、刘文等（2005），吴春荣（2007）的研究结果一致。幼儿社会性发展是否存在着性别差异，这一直是研究者们关注和争论的领域之一，责任心也不例外。研究证实，幼儿责任心研究应从整体上把握，从责任认知、情感和行为的整体出发来研究幼儿的责任心，他们发现并不存在显著的性别差异，即3岁、4岁、5岁幼儿在责任心各维度与责任心总分上均不存在显著的性别差异。究其原因，我们认为，责任心是个体的社会性品质，而社会性与认知既有一定相关，又有很大不同。

（二）幼儿延迟满足选择倾向与责任心发展之间的关系

本研究发现，对于3岁幼儿，集体责任心与食物类选择的低价值与中价值之间差异显著；过失责任心与玩具类选择的低价值与中价值之间差异显著。对于4岁幼儿，自我责任心与食物类选择的中价值与高价值之间差异显著；责任心总分与食物类选择的中价值与低价值、中价值与高价值之间差异显著。对于5岁幼儿，食物类选择、玩具类选择与责任心六个维度和责任心总分上各个组之间差异均不显著。

埃里克森的儿童发展观认为，2~4岁这一阶段的儿童的主要矛盾是自主对羞愧和疑虑（林崇德，2006），体验着意志的实现，他们渴望着探索新世界。所以本研究中3岁、4岁的幼儿对实验的态度最认真，而且很少受到其他同学的影响，自己做出选择的决定。在食物与玩具选择两方面，食物选择与责任心的关系要多一些，例如，4岁幼儿的食物选择与自我责任心之间的相关显著。这可以说明幼儿在4岁时自我功能开始发展，在解决各种矛盾中体现出自我治疗和自我教育的作用。

五、小结

幼儿责任心发展性别差异不显著，但年龄差异显著；3岁与4岁、3岁与5岁、4岁与5岁幼儿之间责任心发展差异均显著；在自我责任心、任务责任心、他人责任心、集体责任心、承诺责任心这五个维度上，3岁、4岁、5岁幼儿之间年龄差异显著；但在过失责任心方面，3岁、4岁、5岁幼儿之间年龄差异不显著。

对于3岁幼儿，集体责任心与食物类选择的低价值与中价值之间差异显著；过失责任心与玩具类选择的低价值与中价值之间差异显著。对于4岁幼儿，自我责任心与食物类选择的中价值与高价值之间差异显著；责任心总分与食物类选择的中价值与低价值、中价值与高价值之间差异显著。对于5岁幼儿，食物类选择、玩具类选择与责任心六个维度和责任心总分上各个组之间差异均不显著。

Chapter 4

第四章

幼儿亲社会延迟满足选择倾向的发展

第一节　幼儿亲社会延迟满足选择倾向发展的年龄特征

一、研究目的

本研究的目的是通过创设与同伴分享或使同伴获益最大化的亲社会动机情境，在让 3 ~5 岁幼儿在以不同表征水平呈现的即时与延迟棒棒糖奖励物中做出选择的实验任务中，探讨幼儿延迟选择倾向发展的年龄特征。

二、研究方法

（一）被试

在沈阳市内四所幼儿园整群随机选取 135 名 3 ~5 岁幼儿作为被试。其中，3 岁组 45 人，男 22 人，女 23 人，年龄在 36 ~47 个月，平均年龄是 43.489 个月，标准差是 2.651 个月；4 岁组 45 人，男 25 人，女 20 人，年龄在 48 ~59 个月，平均年龄是 53.289 个月，标准差是 3.559 个月；5 岁组 45 人，男 21 人，女 24 人，年龄在 60 ~71 个月，平均年龄是 66.667 个月，标准差是 3.542 个月。

（二）实验工具与材料

幼儿园内一间安静的教室；一套儿童用的方桌和小板凳；一把成人座椅；不同表征水平的棒棒糖诱惑物：棒棒糖实物、棒棒糖的照片（见图 4 -1、图 4 -2）、棒棒糖的简笔画（见图 4 -3、图 4 -4）；实验时装诱惑物的盒子和信封。

图4-1　照片表征的即时诱惑物（1个棒棒糖）

图4-2　照片表征的延迟诱惑物（2个棒棒糖）

图4-3　简笔画表征的即时诱惑物(1个棒棒糖)

图4-4　简笔画表征的延迟诱惑物(2个棒棒糖)

（三）实验设计与分组

采用3×3×3×3（年龄×亲社会动机情境×同伴关系×诱惑物表征）四因素混合实验设计。其中被试间变量有三个，分别是年龄（3岁、4岁、5岁）、同伴关系（同龄同性别的陌生同伴、不喜欢的同伴、喜欢的同伴）、诱惑物的表征水平（从形象到抽象有实物表征、照片表征、简笔画表征），每个被试间变量实验处理各分配45名被试幼儿，由于每个被试间变量都有三种处理水平，所以每个被试间变量的每个处理水平上各分配15名被试幼儿。被试内变量为亲社会动机情境，有三种处理水平：①为自己而分享，指幼儿要在马上给同伴一个奖励物与稍后和同伴一人一个奖励物的选择中做出一种选择；②为他人而分享，指幼儿要在马上给自己一个奖励物与稍后和同伴一人一个奖励物的选择中做出一种选择；③完全利他，指幼儿要在马上给同伴一个奖励物与稍后给同伴两个奖励物的选择中做出一种选择。全部135名被试幼儿均接受这三种实验处理水平。为平衡顺序效应，被试内变量按拉丁方设计呈现。因变量是每种亲社会情境下幼儿的延迟满足选择倾向，幼儿在两种选择中，若选择前者即选择即时满足，计 1 分；若选择后者即选择延迟满足，计 2 分。

（四）实验程序

1. **预实验**

正式实验前一个星期进行预实验。预实验的任务是确定诱惑物对 3 ~ 5 岁幼儿诱惑力的适宜性，3 ~ 5 岁幼儿参与实验的愿望，以及 3 ~ 5 岁幼儿对实验指导语的理解程度，并修改指导语中不适合幼儿理解的内容表达。

2. **正式实验**

（1）消除被试幼儿的恐惧感

实验前主试把被试幼儿带到实验室，先和幼儿说一些与实验无关的轻松话题，以消除幼儿对陌生主试的恐惧感，并建立熟悉感。

（2）同伴提名

和被试幼儿相互熟悉之后，主试用同伴提名的方法选出幼儿最喜欢的同龄同性别幼儿或最不喜欢的同龄同性别幼儿。同伴提名的指导语为："现在想一想你在班级里最喜欢/最不喜欢和哪个女生/男生小朋友一起玩儿?"记下幼儿的提名。在实验中，被试幼儿喜欢的同龄同性别同伴和幼儿不喜欢的同龄同性别同伴的姓名均直接使用每个被试幼儿实际提名时的人名，陌生女孩同伴则统一化名为小红，陌生男孩同伴则统一化名为小明。

（3）延迟满足选择任务

同伴提名之后，主试对被试幼儿说："一会儿我要和你玩一个小游戏，在游戏结束之后你会得到一个小奖品，你愿意和我一起玩吗?"在取得幼儿的同意后，主试通过指导语向幼儿介绍实验任务。各实验组的指导语均以陌生同龄同性别同伴组为例介绍如下。

诱惑物的实物表征组："××，一会儿我要和你玩一个假装分棒棒糖的游戏，你要和一个叫小红（小明）的小女孩（小男孩）一起分，她（他）和你一样大，但是你不认识她（他）。你看，这有一些棒棒糖，一个放在桌子的这一边，两个一起放在桌子的另一边。"主试指着一边的棒棒糖说："如果你选择这边的棒棒糖，小红（小明）就可以马上得到一个棒棒糖。"然后再指着另一边的两个棒棒糖说："如果你选择这边的棒棒糖，在游戏结束之后你就可以和小红（小明）一人得到一个棒棒糖，你选择哪边的?"等待幼儿做出选择，并做好记录。

然后把棒棒糖打乱，再把一个放在桌子的一边，把两个一起放在桌子的另一边。主试指着一边的棒棒糖说："如果你选择这边的棒棒糖，你就可以马上得到一个棒棒糖。"然后再指着另一边的两个棒棒糖说："如果你选择这边的棒棒糖，在游戏结束之后你就可以和小红（小明）一人得到一个棒棒糖，你选择哪边的?"等待幼儿做出选择，并做好记录。

然后再把棒棒糖打乱，把一个放在桌子的一边，把两个一起放在桌子的另一边。主试指着一边的棒棒糖说："如果你选择这边的棒棒糖，小红（小明）就可以马上得到一个棒棒糖。"然后再指着另一边的两个棒棒糖说："如果你选择这边的棒棒糖等游戏结束之后小红（小明）就可以得到两个棒棒糖，你选择哪边的?"等待幼儿做出选择，并做好记录。

诱惑物的照片表征组："××，一会儿我要和你玩一个假装分棒棒糖的游戏，你要和一个叫小红（小明）的小女孩（小男孩）一起分，她（他）和你一样大，但是你不认识她（他）。你看，这是两张照片，你觉得照片上照的是什么呀?"被试幼儿如果回答不出来，就提示她（他）说："这上面照的是棒棒糖。"主试指着一边的照片说："如果你选择这张照片上的棒棒糖，小红（小明）就可以马上得到一个棒棒糖。"然后再指着另一边的照片说："如果你选择这张照片上的棒棒糖，在游戏结束之后你就可以和小红（小明）一人得到一个棒棒糖，你选择哪边的?"等待幼儿做出选择，并做好记录。

然后把照片调换位置。主试指着一边的照片说："如果你选择这张照片上的棒棒糖，你就可以马上得到一个棒棒糖。"然后再指着另一边的照片说："如果你选择这张照片上的棒棒糖，在游戏结束之后你就可以和小红（小明）一人得到一个棒棒糖，你选择哪边的?"等待幼儿做出选择，并做好记录。

然后再把照片调换位置。主试指着一边的照片说："如果你选择这张照片上的棒棒糖，小红（小明）就可以马上得到一个棒棒糖。"然后再指着另一边的照片说："如果你选择这张照片上的棒棒糖，等游戏结束之后小红（小明）就可以得到两个棒棒糖，你选择哪边的?"等待幼儿做出选择，并做好记录。

诱惑物的简笔画表征组："××，一会儿我要和你玩一个假装分棒棒糖的游戏，你要和一个叫小红（小明）的小女孩（小男孩）一起分，她（他）和你一样大，但是你不认识她（他）。你看，这是两张简笔画，你觉得简笔画上画的是什么呀?"被试如果回答不出来，就提示她（他）说："这上面画的是棒棒糖。"主试指着一边的简笔画说："如果你选择这张简笔画上的棒棒糖，小红（小明）就可以马上得到一个棒棒糖。"然后再指着另一边的简笔画说："如果你选择这张简笔画上的棒棒糖，在游戏结束之后你就可以和小红（小明）一人得到一个棒棒糖，你选择哪边的?"等待幼儿做出选择，并做好记录。

然后把简笔画调换位置。主试指着一边的简笔画说："如果你选择这张简笔画上的棒棒糖，你就可以马上得到一个棒棒糖。"然后再指着另一边的简笔画说："如果你选择这张简笔画上的棒棒糖，在游戏结束之后你就可以和小红（小明）一人得到一个棒棒糖，你选择哪边的?"等待幼儿做出选择，并做好记录。

然后再把简笔画调换位置。主试指着一边的简笔画说："如果你选择这张简笔画上的棒棒糖，小红（小明）就可以马上得到一个棒棒糖。"然后再指着另一边的简笔画说："如果你选择这张简笔画上的棒棒糖，等游戏结束之后小红（小明）就可以得到两个棒棒糖，你选择哪边的?"等待幼儿做出选择，并做好记录。

在上述三个实验组中，当在需要被试幼儿为喜欢的同龄同性别同伴组或不喜欢的同龄同性别同伴组做选择的实验指导语中，都只是把同伴姓名小红（小明）换成是同伴提名中幼儿提及的真实同伴姓名，其余内容不变。若幼儿不能明白指导语，主试可重复每个实验组的指导语一两次，如果幼儿还是不能理解，就取消该幼儿的被试资格。每组实验结束后主试对幼儿说："你在游戏中表现得真好。"并实际给幼儿一个棒棒糖做奖品，最后对幼儿说："刚才玩的游戏是我们俩之间的秘密，你不要跟别的小朋友说好吗?"待幼儿同意后将她（他）送回教室。

三、结果与分析

（一）幼儿亲社会延迟满足选择倾向的描述统计

分年龄组显示的不同实验处理水平结合条件下，幼儿亲社会延迟满足选择倾向得分的平均数和标准差的描述统计结果见表4－1、表4－2和表4－3。

表4－1 3岁组幼儿亲社会延迟满足选择倾向的平均数和标准差的描述统计（$n=45$）

		亲社会动机情境					
		为自己而分享		为他人而分享		完全利他	
		M	*SD*	*M*	*SD*	*M*	*SD*
诱惑物表征	实　物	1.267	0.458	1.133	0.352	1.400	0.507
	照　片	1.667	0.488	1.467	0.516	1.267	0.458
	简笔画	1.467	0.516	1.400	0.507	1.467	0.516
同伴关系	喜欢的同伴	1.667	0.488	1.400	0.507	1.200	0.414
	陌生同伴	1.200	0.414	1.333	0.488	1.200	0.414
	不喜欢的同伴	1.533	0.516	1.267	0.458	1.733	0.458

表4－2 4岁组幼儿亲社会延迟满足选择倾向的平均数和标准差的描述统计（$n=45$）

		亲社会动机情境					
		为自己而分享		为他人而分享		完全利他	
		M	*SD*	*M*	*SD*	*M*	*SD*
诱惑物表征	实　物	1.667	0.488	1.733	0.458	1.600	0.507
	照　片	1.733	0.458	1.467	0.516	1.467	0.516
	简笔画	1.400	0.507	1.267	0.458	1.267	0.458
同伴关系	喜欢的同伴	1.600	0.507	1.733	0.458	1.467	0.516
	陌生同伴	1.667	0.488	1.333	0.488	1.467	0.516
	不喜欢的同伴	1.533	0.516	1.400	0.507	1.400	0.507

表 4-3　5 岁组幼儿亲社会延迟满足选择倾向的平均数和标准差的描述统计（$n=45$）

		亲社会动机情境					
		为自己而分享		为他人而分享		完全利他	
		M	*SD*	*M*	*SD*	*M*	*SD*
诱惑物表征	实　物	1.733	0.458	1.600	0.507	1.467	0.516
	照　片	1.867	0.352	1.400	0.507	1.400	0.507
	简笔画	2.000	0.000	1.267	0.458	1.133	0.352
同伴关系	喜欢的同伴	1.800	0.414	1.333	0.488	1.333	0.488
	陌生同伴	1.800	0.414	1.600	0.507	1.467	0.516
	不喜欢的同伴	2.000	0.000	1.333	0.499	1.200	0.414

（二）年龄对幼儿亲社会延迟满足选择倾向发展的独立影响

以亲社会动机情境为被试内自变量，以年龄、性别、诱惑物表征、同伴关系为被试间自变量，以亲社会延迟满足选择倾向为因变量做多因素重复测量方差分析，所得主效应结果见表 4-4。由表 4-4 可知，年龄被试间主效应显著（$p<0.05$）。

表 4-4　幼儿亲社会延迟满足选择倾向多因素重复测量方差分析的主效应（$N=135$）

变异来源		*SS*	*df*	*MS*	*F*
被试内效应	亲社会动机情境	4.630	2	2.315	14.922**
	被试内误差	25.444	164	0.155	
被试间效应	年　龄	1.664	2	0.832	3.141*
	诱惑物表征	1.058	2	0.529	1.998
	同伴关系	0.176	2	0.088	0.333
	性　别	0.057	1	0.057	0.214
	被试间误差	21.722	82	0.265	

注：* 表示 $p<0.05$，** 表示 $p<0.01$。

由于年龄主效应显著，故继续以年龄为自变量，以亲社会延迟满足选择倾向（三种亲社会情境下亲社会延迟满足选择倾向的平均分）为因变量，做进一步的多重比较（LSD），结果见表 4-5。由表 4-5 可知，3 岁幼儿与 5

岁幼儿之间差异显著（$p<0.05$），3 岁幼儿做出的亲社会延迟满足选择倾向显著少于5 岁幼儿做出的亲社会延迟满足选择倾向；但3 岁和4 岁、4 岁和5 岁幼儿之间的差异不显著（$p>0.05$）。这表明和3 岁幼儿相比，5 岁幼儿的亲社会延迟满足选择倾向有明显的提高。

表4－5　幼儿亲社会延迟满足选择倾向年龄主效应的事后检验多重比较

(I) 年龄	(J) 年龄	均数差 (I－J)
3 岁	4 岁	－0.119
	5 岁	－0.148*
4 岁	3 岁	0.119
	5 岁	－0.030
5 岁	3 岁	0.148*
	4 岁	0.030

注：*表示 $p<0.05$。

（三）年龄与其他因素对幼儿亲社会延迟满足选择倾向发展的交互影响

以亲社会动机情境为被试内自变量，以年龄、诱惑物表征、同伴关系、性别为被试间自变量，以亲社会延迟满足选择倾向为因变量，做多因素重复测量方差分析，所得被试内交互作用结果见表4－6，所得被试间交互作用结果见表4－7。由表4－6 可知，亲社会动机情境与年龄交互作用显著（$p<0.01$）；亲社会动机情境与诱惑物表征交互作用显著（$p<0.05$）；亲社会动机情境与年龄、同伴关系三次交互作用显著（$p<0.01$）；而其他交互作用均不显著（$p>0.05$）。这表明，亲社会动机情境与年龄的结合、亲社会动机情境与诱惑物表征的结合、亲社会动机情境与年龄以及同伴关系三者的结合可交互影响幼儿的亲社会延迟满足选择倾向。由表4－7 可知，年龄与诱惑物表征交互作用显著（$p<0.05$）；年龄、同伴关系、性别三次交互作用显著（$p<0.05$）。这表明年龄与诱惑物表征的结合、年龄与同伴关系以及性别三者的结合可交互影响幼儿的亲社会延迟满足选择倾向。

表 4-6　幼儿亲社会延迟满足选择倾向多因素重复测量方差分析的被试内交互作用（$N=135$）

变异来源	*SS*	*df*	*MS*	*F*
亲社会动机情境×年龄	2.374	4	0.593	3.825**
亲社会动机情境×诱惑物表征	1.661	4	0.415	2.677*
亲社会动机情境×同伴关系	0.939	4	0.235	1.514
亲社会动机情境×性别	0.166	2	0.083	0.536
亲社会动机情境×年龄×诱惑物表征	1.268	8	0.159	1.022
亲社会动机情境×年龄×同伴关系	4.036	8	0.505	3.252**
亲社会动机情境×诱惑物表征×同伴关系	1.464	8	0.183	1.179
亲社会动机情境×年龄×诱惑物表征×同伴关系	2.114	16	0.132	0.851
亲社会动机情境×年龄×性别	0.611	4	0.153	0.984
亲社会动机情境×诱惑物表征×性别	0.214	4	0.054	0.345
亲社会动机情境×年龄×诱惑物表征×性别	1.874	8	0.234	1.510
亲社会动机情境×同伴关系×性别	0.418	4	0.104	0.673
亲社会动机情境×年龄×同伴关系×性别	1.346	8	0.168	1.085
亲社会动机情境×诱惑物表征×同伴关系×性别	1.425	8	0.178	1.148
亲社会动机情境×年龄×诱惑物表征×同伴关系×性别	2.547	14	0.182	1.173
被试内误差	25.444	164	0.155	

注：*表示 $p<0.05$，**表示 $p<0.01$。

表 4-7　幼儿亲社会延迟满足选择倾向多因素重复测量方差分析的被试间交互作用（$N=135$）

变异来源	*SS*	*df*	*MS*	*F*
年龄×诱惑物表征	3.446	4	0.861	3.252*
年龄×同伴关系	2.340	4	0.585	2.208
诱惑物表征×同伴关系	1.107	4	0.277	1.044
年龄×诱惑物表征×同伴关系	2.618	8	0.327	1.235
年龄×性别	0.707	2	0.354	1.335

续表

变异来源	*SS*	*df*	*MS*	*F*
诱惑物表征×性别	0.455	2	0.227	0.858
年龄×诱惑物表征×性别	0.470	4	0.117	0.443
同伴关系×性别	0.676	2	0.338	1.275
年龄×同伴关系×性别	3.144	4	0.786	2.967*
诱惑物表征×同伴关系×性别	1.209	4	0.302	1.141
年龄×诱惑物表征×同伴关系×性别	3.729	7	0.533	2.011
被试间误差	21.722	82	0.265	

注：*表示 $p<0.05$。

1. 年龄与亲社会动机情境的交互作用

（1）不同亲社会动机情境下幼儿亲社会延迟满足选择倾向的年龄差异

以年龄为自变量，以三种亲社会动机情境下的亲社会延迟满足选择倾向为因变量，各自做单因素方差分析，考察不同亲社会动机情境下幼儿亲社会延迟满足选择倾向的年龄差异，画出交互作用图解，结果见表4－8和图4－5。

表4－8　不同亲社会动机情境下幼儿亲社会延迟满足选择倾向的年龄差异的单因素方差分析

亲社会动机情境	变异来源	*SS*	*df*	*MS*	*F*
为自己而分享	年　龄	3.733	2	1.867	9.059**
	误　差	27.200	132	0.206	
为他人而分享	年　龄	0.548	2	0.274	1.123
	误　差	32.222	132	0.244	
完全利他	年　龄	0.281	2	0.141	0.586
	误　差	31.689	132	0.240	

注：**表示 $p<0.01$。

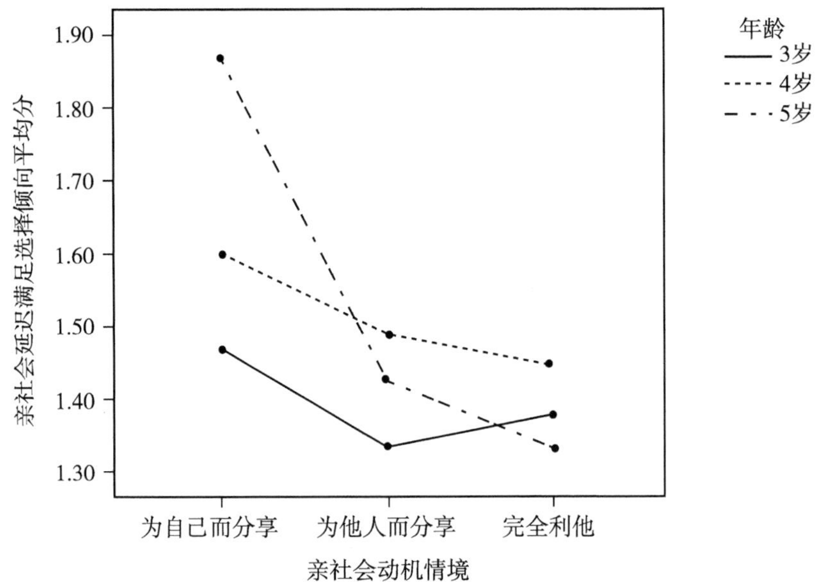

图4－5　3～5岁幼儿亲社会延迟满足选择倾向在亲社会动机情境上的差异

首先，在为自己而分享的情境下，由图4－5可见，3～5岁幼儿亲社会延迟满足选择倾向的平均分随着年龄的增长而提高。由表4－8可见，这种年龄主效应显著（$p<0.01$），进一步多重比较（LSD）的结果见表4－9。由表4－9可知，5岁幼儿的亲社会延迟满足选择倾向显著多于3岁、4岁幼儿的亲社会延迟满足选择倾向（$p<0.01$）；但3岁、4岁幼儿的差异不显著（$p>0.05$）。这表明在为自己而分享的情境下，5岁幼儿的亲社会延迟满足选择倾向显著高于3岁和4岁幼儿的亲社会延迟满足选择倾向，但3岁和4岁幼儿的亲社会延迟满足选择倾向的差异不显著。

其次，在为他人而分享的情境下，由图4－5可见，4岁幼儿亲社会延迟满足选择倾向平均分最高，5岁幼儿亲社会延迟满足选择倾向平均分居中，3岁幼儿亲社会延迟满足选择倾向平均分最低，但图4－5中各年龄组分数的差异并不大，由表4－8可见这种年龄主效应不显著（$p>0.05$）。

最后，在完全利他的情境下，由图4－5可见，4岁幼儿亲社会延迟满足选择倾向平均分最高，3岁幼儿亲社会延迟满足选择倾向平均分居中，5岁幼儿亲社会延迟满足选择倾向平均分最低。但图4－5中各年龄组分数的差异并不大，由表4-8可见这种年龄主效应不显著（$p>0.05$）。

表4-9　为自己而分享的动机下幼儿亲社会延迟满足选择倾向年龄主效应的事后检验多重比较

(I) 年龄	(J) 年龄	均数差（I-J）
3岁	4岁	-0.133
	5岁	-0.400**
4岁	3岁	0.133
	5岁	-0.267**
5岁	3岁	0.400**
	4岁	0.267**

注：**表示$p<0.01$。

（2）不同年龄组幼儿亲社会延迟满足选择倾向的亲社会动机差异

以亲社会动机情境为被试内自变量，以亲社会延迟满足选择倾向为因变量，分别对3个年龄组样本，各自做单因素重复测量方差分析，考察不同年龄组幼儿亲社会延迟满足选择倾向的亲社会动机差异，画出交互作用图解，结果见表4-10和图4-6。

表4-10　不同年龄组幼儿亲社会延迟满足选择倾向的亲社会动机差异的单因素重复测量方差分析

年　龄	变异来源	*SS*	*df*	*MS*	*F*
3岁（$n=45$）	亲社会动机情境	0.415	2	0.207	1.038
	误　差	17.585	88	0.200	
4岁（$n=45$）	亲社会动机情境	0.578	2	0.289	1.580
	误　差	16.089	88	0.183	
5岁（$n=45$）	亲社会动机情境	7.348	2	3.674	24.276**
	误　差	13.319	88	0.151	

注：**表示$p<0.01$。

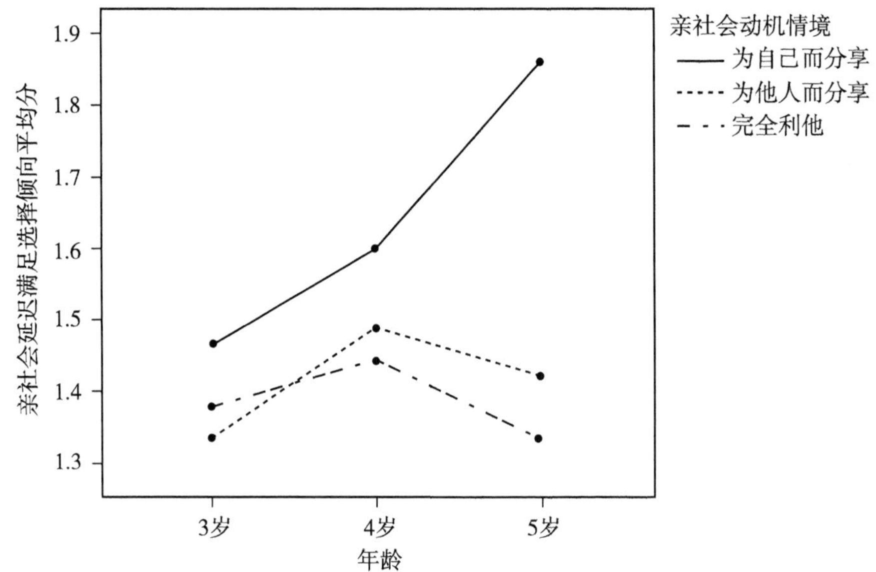

图 4-6　三种亲社会动机情境下幼儿亲社会延迟满足选择倾向在年龄上的差异

首先，对于 3 岁组幼儿，由图 4-6 可见，在为自己而分享时亲社会延迟满足选择倾向的平均分最高，在完全利他时亲社会延迟满足选择倾向的平均分居中，在为他人而分享动机下幼儿亲社会延迟满足选择倾向的平均分最低。但图 4-6 中，三种亲社会动机情境下延迟满足选择分数的差异并不大，由表 4-10 可见这种亲社会动机情境主效应不显著（$p > 0.05$）。

其次，对于 4 岁组幼儿，由图 4-6 可见，在为自己而分享动机下亲社会延迟满足选择倾向的平均分最高，在为他人而分享动机下亲社会延迟满足选择倾向的平均分居中，在完全利他动机下幼儿亲社会延迟满足选择倾向的平均分最低。但图 4-6 中，三种亲社会动机情境下延迟满足选择分数的差异并不大，由表 4-10 可见这种亲社会动机情境主效应不显著（$p > 0.05$）。

最后，对于 5 岁组幼儿，由图 4-6 可见，在为自己而分享动机下亲社会延迟满足选择倾向的平均分最高，在为他人而分享动机下亲社会延迟满足选择倾向的平均分居中，在完全利他动机下幼儿亲社会延迟满足选择倾向的平均分最低。而且由图 4-6 可见，为自己而分享动机下的亲社会延迟满足选择倾向平均分，与为他人而分享、完全利他动机下的亲社会延迟满足选择倾向的平均分差异很大，由表4－10可见，5岁组幼儿亲社会动机情境主效应显著（$p<0.01$）。进一步做三种亲社会动机情境下亲社会延迟满足选择倾向的配对样本t检验，结果见表4－11。由表4－11可知，为自己而分享的情境与为他人而分享的情境和完全利他的情境均差异显著（$p<0.01$），但在为他人而分享的情境与完全利他的情境之间差异不显著（$p>0.05$）。这表明对于5岁幼儿来说，幼儿在为自己而分享的情境下表现出来的亲社会延迟满足选择倾向显著多于在为他人而分享的情境和完全利他的情境下表现出来的亲社会延迟满足选择倾向，使自己获益是5岁幼儿做出亲社会延迟满足选择倾向的主要动机。

表4－11　5岁组幼儿亲社会延迟满足选择倾向亲社会动机情境主效应的配对样本t检验

动机情境配对		*M*	*SD*	*t*
Pair 1	为自己而分享	1.867	0.344	5.933**
	为他人而分享	1.422	0.500	
Pair 2	为自己而分享	1.867	0.344	6.087**
	完全利他	1.333	0.477	
Pair 3	为他人而分享	1.422	0.500	1.071
	完全利他	1.333	0.477	

注：**表示$p<0.01$。

2. 年龄与诱惑物表征的交互作用

（1）不同年龄组幼儿亲社会延迟满足选择倾向的诱惑物表征差异

以诱惑物表征为自变量，以三种亲社会延迟满足选择倾向的总均分为因变量，分别对3个年龄组样本，各自做单因素方差分析，考察不同年龄组幼儿亲社会延迟满足选择倾向的诱惑物表征差异，画出交互作用图解，结果见表4－12和图4－7。

表4－12　不同年龄组幼儿亲社会延迟满足选择倾向的诱惑物表征差异的单因素方差分析

年　龄	变异来源	*SS*	*df*	*MS*	*F*
3岁（$n=45$）	诱惑物表征	0.360	2	0.180	1.732
	误　差	4.370	42	0.104	

续表

年　龄	变异来源	*SS*	*df*	*MS*	*F*
4 岁（$n=45$）	诱惑物表征	0.993	2	0.496	4.438*
	误　差	4.696	42	0.112	
5 岁（$n=45$）	诱惑物表征	0.138	2	0.069	0.700
	误　差	4.148	42	0.099	

注：* 表示 $p<0.05$。

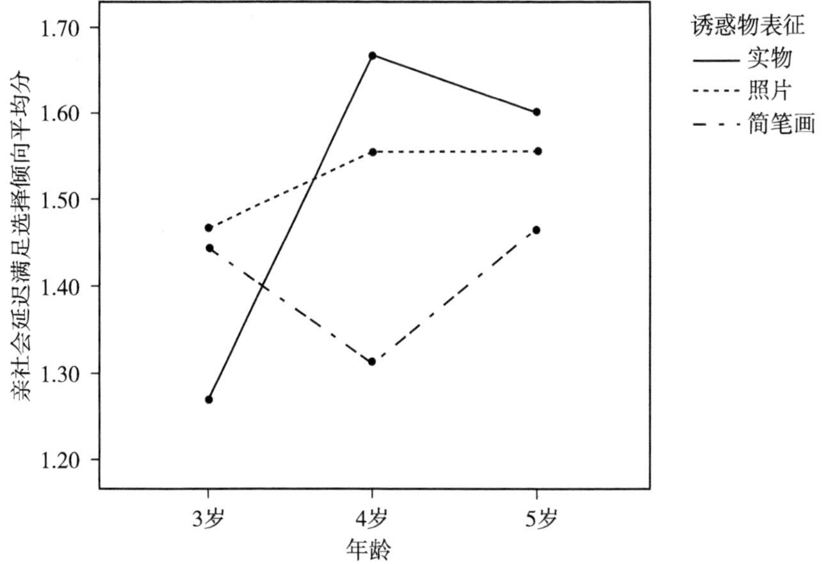

图 4－7　面对不同诱惑物表征时幼儿亲社会延迟满足选择倾向在年龄上的差异

首先，对于 3 岁组幼儿，面对诱惑物的照片表征时，幼儿亲社会延迟满足选择倾向的平均分最高；面对诱惑物的简笔画表征时，幼儿亲社会延迟满足选择倾向的平均分居中；面对诱惑物的实物表征时，幼儿亲社会延迟满足选择倾向的平均分最低。但图 4－7 中各诱惑物表征组幼儿的延迟满足选择分数差异并不大，由表 4－12 可见，3 岁组幼儿诱惑物表征主效应不显著（$p>0.05$）。

其次，对于 4 岁组幼儿，面对诱惑物的实物表征时，幼儿亲社会延迟满足选择倾向的平均分最高；面对诱惑物的照片表征时，幼儿亲社会延迟满足选择倾向的平均分居中；面对诱惑物的简笔画表征时，幼儿亲社会延迟满足选择倾向的平均分最低。而且由图4-7可见，简笔画组幼儿的亲社会延迟满足选择倾向的平均分，与实物组、照片组幼儿的亲社会延迟满足选择倾向的平均分差异很大，由表4-12可见，4岁组幼儿诱惑物表征主效应显著（$p<0.05$）。进一步多重比较（LSD）的结果见表4-13，由表4-13可知实物组与简笔画组之间差异显著（$p<0.01$），实物组幼儿做出的亲社会延迟满足选择倾向显著高于简笔画组幼儿做出的亲社会延迟满足选择倾向；实物组与照片组、照片组与简笔画组之间差异不显著（$p>0.05$）。这表明对于4岁幼儿来说，在面对诱惑物的实物表征时，他们表现出最多的亲社会延迟满足选择倾向，随着诱惑物表征抽象程度的提高，他们表现出来的亲社会延迟满足选择倾向在减少。

表4-13　4岁组幼儿亲社会延迟满足选择倾向诱惑物表征主效应的事后检验多重比较

（I）诱惑物表征	（J）诱惑物表征	均数差（I-J）
实物	照片	0.111
	简笔画	0.356**
照片	实物	-0.111
	简笔画	0.244
简笔画	实物	-0.356**
	照片	-0.244

注：**表示$p<0.01$。

最后，对于5岁组幼儿，面对诱惑物的实物表征时，幼儿亲社会延迟满足选择倾向的平均分最高；面对诱惑物的照片表征时，幼儿亲社会延迟满足选择倾向的平均分居中；面对诱惑物的简笔画表征时，幼儿亲社会延迟满足选择倾向的平均分最低。但图4-7中各诱惑物表征组幼儿的延迟满足选择分数差异并不大，由表4-12可见，5岁组幼儿诱惑物表征主效应不显著（$p>0.05$）。

（2）不同诱惑物表征组幼儿亲社会延迟满足选择倾向的年龄差异

以年龄为自变量，以三种亲社会延迟满足选择倾向的总均分为因变量，分别对3个诱惑物表征组样本，各自做单因素方差分析，考察不同诱惑物表征组幼儿亲社会延迟满足选择倾向的年龄差异，画出交互作用图解，结果见表4-14和图4-8。

表 4-14　不同诱惑物表征组幼儿亲社会延迟满足选择倾向的年龄差异的单因素方差分析

诱惑物表征	变异来源	*SS*	*df*	*MS*	*F*
实　物（$n=45$）	年　龄	1.378	2	0.689	7.076**
	误　差	4.089	42	0.097	
照　片（$n=45$）	年　龄	0.079	2	0.040	0.337
	误　差	4.919	42	0.117	
简笔画（$n=45$）	年　龄	0.212	2	0.106	1.060
	误　差	4.207	42	0.100	

注：**表示 $p<0.01$。

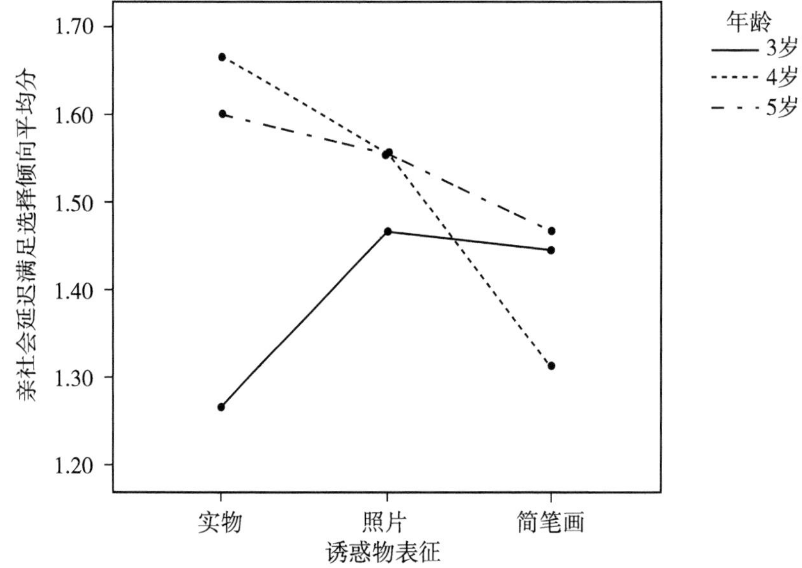

图 4-8　3~5 岁幼儿亲社会延迟满足选择倾向在诱惑物表征上的差异

首先，在实物组中，4 岁幼儿亲社会延迟满足选择倾向的平均分最高，5 岁幼儿亲社会延迟满足选择倾向的平均分居中，3 岁幼儿亲社会延迟满足选择倾向的平均分最低。而且由图 4-8 可见，3 岁组幼儿与 4 岁、5 岁组幼儿的亲社会延迟满足选择倾向的平均分差距很大，由表 4-14 可见，实物组年龄主效应显著（$p<0.01$）。进一步的多重比较（LSD）的结果见表 4-15，由表 4-15 可知，3 岁组与 4 岁组、3 岁组与 5 岁组之间差异均显著（$p<0.01$），3 岁幼儿做出的亲社会延迟满足选择倾向显著低于 4 岁幼儿和 5 岁幼儿做出的亲社会延迟满足选择倾向；但 4 岁组与 5 岁组之间差异不显著（$p>0.05$）。这表明，在以实物表征形式呈现诱惑物时，4 岁幼儿与 5 岁幼儿表现出同等水平的亲社会延迟满足选择倾向，都明显高于3岁幼儿的亲社会延迟满足选择倾向。

表4－15　实物表征组幼儿亲社会延迟满足选择倾向年龄主效应的事后检验多重比较

（I）年龄	（J）年龄	均数差（I－J）
3岁	4岁	－0.400**
	5岁	－0.333**
4岁	3岁	0.400**
	5岁	0.067
5岁	3岁	0.333**
	4岁	－0.067

注：**表示$p<0.01$。

其次，在照片组中，4岁幼儿与5岁幼儿亲社会延迟满足选择倾向的平均分相等且最高，3岁幼儿亲社会延迟满足选择倾向的平均分最低。但图4－8中各年龄组幼儿的延迟满足选择分数差距很小，由表4－14可见，照片组幼儿年龄主效应不显著（$p>0.05$）。

最后，在简笔画组中，5岁幼儿亲社会延迟满足选择倾向的平均分最高，3岁幼儿亲社会延迟满足选择倾向的平均分居中，4岁幼儿亲社会延迟满足选择倾向的平均分最低。但图4－8中各年龄组幼儿的延迟满足选择分数差异并不大，由表4－14可见，简笔画组幼儿年龄主效应不显著（$p>0.05$）。

3. 年龄与亲社会动机情境、同伴关系三者的交互作用

（1）为自己而分享动机情境下幼儿亲社会延迟选择倾向年龄和同伴关系的交互作用

以年龄、同伴关系为自变量，以为自己而分享动机下的亲社会延迟满足选择倾向为因变量，做两因素一元方差分析，结果见表4－16。由表4－16可知，年龄主效应显著（$p<0.01$），但同伴关系主效应、年龄与同伴关系交互作用不显著（$p>0.05$）。对年龄主效应的多重比较（LSD）的结果见表4－17，由表4－17可见，3岁组与5岁组之间差异显著（$p<0.01$），3岁幼儿表现出的亲社会延迟满足选择倾向显著低于5岁幼儿的亲社会延迟满足选择倾向；4岁组与5岁组之间差异显著（$p<0.01$），4岁幼儿表现出的亲社

会延迟满足选择倾向显著低于5岁幼儿的亲社会延迟满足选择倾向；但3岁组与4岁组差异不显著（$p > 0.05$）。这表明，在为自己而分享的动机情境下，无论是在哪个同伴关系组中，5岁幼儿表现出的亲社会延迟满足选择倾向都最高。

表4-16　为自己而分享动机情境下幼儿亲社会延迟满足选择倾向年龄与同伴关系两因素一元方差分析

变异来源	*SS*	*df*	*MS*	*F*
年　龄	3.733	2	1.867	9.433**
同伴关系	0.533	2	0.267	1.348
年龄×同伴关系	1.733	4	0.433	2.190
误　差	24.933	126	0.198	

注：**表示 $p < 0.01$。

表4-17　为自己而分享动机情境下幼儿亲社会延迟满足选择倾向年龄主效应的事后检验多重比较

（I）年龄	（J）年龄	均数差（I-J）
3岁	4岁	-0.133
	5岁	-0.400**
4岁	3岁	0.1333
	5岁	-0.267**
5岁	3岁	0.400**
	4岁	0.267**

注：**表示 $p < 0.01$。

（2）为他人而分享动机情境下幼儿亲社会延迟选择倾向年龄和同伴关系的交互作用

以年龄、同伴关系为自变量，以为他人而分享动机下的亲社会延迟满足选择倾向为因变量，做两因素一元方差分析，结果见表4-18。由表4-18可知，年龄主效应、同伴关系主效应、年龄与同伴关系交互作用均不显著（$p > 0.05$）。

表 4－18　为他人而分享动机情境下幼儿亲社会延迟满足选择倾向年龄与同伴关系两因素一元方差分析

变异来源	*SS*	*df*	*MS*	*F*
年　龄	0.548	2	0.274	1.151
同伴关系	0.548	2	0.274	1.151
年龄×同伴关系	1.674	4	0.419	1.758
误　差	30.000	126	0.238	

（3）完全利他动机情境下幼儿亲社会延迟选择倾向年龄和同伴关系的交互作用

以年龄、同伴关系为自变量，以完全利他动机下的亲社会延迟满足选择倾向为因变量，做两因素一元方差分析，结果见表 4－19。由表 4－19 可知，年龄主效应、同伴关系主效应均不显著（$p>0.05$）；但年龄与同伴关系交互作用显著（$p<0.01$），因此需要做简单效应分析。

表 4－19　完全利他动机情境下幼儿亲社会延迟满足选择倾向年龄与同伴关系两因素一元方差分析

变异来源	*SS*	*df*	*MS*	*F*
年　龄	0.281	2	0.141	0.627
同伴关系	0.281	2	0.141	0.627
年龄×同伴关系	3.141	4	0.785	3.500**
误　差	28.267	126	0.224	

注：＊＊表示 $p<0.01$。

首先，以同伴关系为自变量，以亲社会延迟满足选择倾向为因变量，分别对 3 个年龄组样本，各自做单因素方差分析，考察不同年龄组幼儿在完全利他动机情境下亲社会延迟满足选择倾向的同伴关系差异，结果见表 4－20。由表 4－20 可知，3 岁组幼儿同伴关系主效应显著（$p<0.01$），4 岁和 5 岁组幼儿同伴关系主效应均不显著（$p>0.05$）。对 3 岁组幼儿同伴关系主效应做进一步多重比较（LSD），结果见表 4－21。由表 4－21 可知，不喜欢同伴组与喜欢同伴组、不喜欢同伴组与陌生同伴组之间差异均显著（$p<0.01$），不

喜欢同伴组幼儿做出的亲社会延迟满足选择倾向显著多于喜欢同伴组和陌生同伴组幼儿做出的亲社会延迟满足选择倾向；但喜欢同伴组与陌生同伴组的差异不显著（$p>0.05$）。这表明，对于3岁幼儿来说，在完全利他动机情境下，他们指向不喜欢同伴的亲社会延迟满足选择倾向显著多于指向喜欢同伴和陌生同伴的亲社会延迟满足选择倾向。

表4-20　完全利他动机情境下幼儿亲社会延迟满足选择倾向的同伴关系差异的单因素方差分析

年　龄	变异来源	*SS*	*df*	*MS*	*F*
3岁（$n=45$）	同伴关系	2.844	2	1.422	7.724**
	误　差	7.733	42	0.184	
4岁（$n=45$）	同伴关系	0.044	2	0.022	0.084
	误　差	11.067	42	0.263	
5岁（$n=45$）	同伴关系	0.533	2	0.267	1.183
	误　差	9.467	42	0.225	

注：**表示$p<0.01$。

表4-21　完全利他动机情境下3岁幼儿亲社会延迟满足选择倾向的同伴关系主效应事后检验

（I）同伴关系	（J）同伴关系	均数差（I-J）
喜欢的同伴	陌生的同伴	0.000
	不喜欢的同伴	-0.533**
陌生的同伴	喜欢的同伴	0.000
	不喜欢的同伴	-0.533**
不喜欢的同伴	喜欢的同伴	0.533**
	陌生的同伴	0.533**

注：**表示$p<0.01$。

其次，以年龄为自变量，以亲社会延迟满足选择倾向为因变量，分别对3个同伴关系组样本，各自做单因素方差分析，考察不同同伴关系组幼儿在完全利他动机情境下亲社会延迟满足选择倾向的年龄差异，结果见表4-22。由表4-22可知，不喜欢同伴组的年龄主效应显著（$p<0.01$），喜欢同伴组

与陌生同伴组的年龄主效应均不显著（$p>0.05$）。对不喜欢同伴组的年龄主效应做进一步多重比较（LSD），结果见表 4－23。由表 4－23 可知，3 岁组与 5 岁组差异显著（$p<0.01$），3 岁幼儿表现出来的亲社会延迟满足选择倾向显著多于 5 岁幼儿表现出来的亲社会延迟满足选择倾向，但 3 岁组与 4 岁组、4 岁组与 5 岁组的差异均不显著（$p>0.05$）。这表明，在完全利他动机情境下，考虑到不喜欢的同伴，3 岁幼儿表现出的亲社会延迟满足选择倾向显著多于 4 岁和 5 岁幼儿的亲社会延迟满足选择倾向。

表 4－22　完全利他动机情境下不同同伴关系组幼儿亲社会延迟满足选择倾向年龄差异的方差分析

同伴关系	变异来源	*SS*	*df*	*MS*	*F*
喜欢的同伴（$n=45$）	年　龄	0.533	2	0.267	1.183
	误　差	9.467	42	0.225	
陌生同伴（$n=45$）	年　龄	0.711	2	0.356	1.514
	误　差	9.867	42	0.235	
不喜欢的同伴（$n=45$）	年　龄	2.178	2	1.089	5.119**
	误　差	8.933	42	0.213	

注：**表示 $p<0.01$。

表 4－23　完全利他动机情境下不喜欢的同伴组幼儿亲社会延迟满足选择倾向年龄主效应的事后检验

（I）年龄	（J）年龄	均数差（I－J）
3 岁	4 岁	0.333
	5 岁	0.533**
4 岁	3 岁	−0.333
	5 岁	0.200
5 岁	3 岁	−0.533**
	4 岁	−0.200

注：**表示 $p<0.01$。

（4）3 岁组幼儿亲社会延迟选择倾向的亲社会动机情境与同伴关系的交互作用

以亲社会动机情境为被试内自变量、同伴关系为被试间自变量，以亲社会延迟满足选择倾向为因变量，对 3 岁组样本做两因素重复测量方差分析，结果见表 4－24。由表 4－24 可知，亲社会动机情境被试内主效应和同伴关系被试间主效应均不显著（$p>0.05$），但亲社会动机情境与同伴关系交互作用显著（$p<0.01$），因此需要对其做简单效应分析。

表 4－24　3 岁幼儿亲社会延迟满足选择倾向的亲社会动机情境与同伴关系两因素重复测量方差分析

变异来源	*SS*	*df*	*MS*	*F*
被试内效应				
亲社会动机情境	0.415	2	0.207	1.199
亲社会动机情境×同伴关系	3.052	4	0.763	4.410**
误　差	14.533	84	0.173	
被试间效应				
同伴关系	1.659	2	0.830	2.780
误　差	12.533	42	0.298	

注：**表示 $p<0.01$。

首先，以亲社会动机情境为自变量，以亲社会延迟满足选择倾向为因变量，分别对 3 个同伴关系样本，各自做单因素重复测量方差分析，结果见表 4－25。由表 4－25 可知，陌生同伴组的亲社会动机情境主效应不显著（$p>0.05$），喜欢同伴组和不喜欢同伴组的两个亲社会动机情境主效应显著（$p<0.05$）。因此，需要分别对它们进行配对样本 t 检验。对喜欢同伴组幼儿做三种亲社会动机情境下的亲社会延迟满足选择倾向之间的配对样本 t 检验，结果见表 4－26。由表 4－26 可知，在为自己而分享的动机下与为他人而分享和完全利他的两种动机下差异均显著（$p<0.05$），幼儿为自己而分享的亲社会延迟满足选择倾向显著多于为他人而分享和完全利他的亲社会延迟满足选择倾向；但在为他人而分享与完全利他两种动机情境下幼儿亲社会延迟满足选择倾向差异不显著（$p>0.05$）。这一结果与前面的检验结果一致。对不喜欢同伴组幼儿做三种亲社会动机情境下的亲社会延迟满足选择倾向之间的配对样本 t 检验，结果见表 4－27。由表 4－27 可知，在为他人而分享与完全利他两种动机情境下幼儿亲社会延迟满足选择倾向的差异显著（$p<0.05$），幼儿为他人而分享的亲社会延迟满足选择倾向显著低于完全利他的亲社会延迟满足选择倾向。这表明，不喜欢同伴组的 3 岁幼儿做出亲社会延迟满足选择倾向的主要动机是使他人的利益最大化。

表 4－25　不同同伴关系组 3 岁幼儿亲社会延迟满足选择倾向亲社会动机情境差异重复测量方差分析

同伴关系	变异来源	*SS*	*df*	*MS*	*F*
喜欢的同伴	亲社会动机情境	1.644	2	0.822	5.286*
	误　差	4.356	28	0.156	
陌生的同伴	亲社会动机情境	0.178	2	0.089	0.554
	误　差	4.489	28	0.160	
不喜欢的同伴	亲社会动机情境	1.644	2	0.822	4.047*
	误　差	5.689	28	0.203	

注：* 表示 $p<0.05$。

表 4－26　喜欢的同伴组 3 岁幼儿亲社会延迟满足选择倾向亲社会动机情境主效应的配对样本 t 检验

动机情境配对		*M*	*SD*	*t*
Pair 1	为自己而分享	1.667	0.488	2.256*
	为他人而分享	1.400	0.507	
Pair 2	为自己而分享	1.667	0.488	2.824*
	完全利他	1.200	0.414	
Pair 3	为他人而分享	1.400	0.507	1.382
	完全利他	1.200	0.414	

注：* 表示 $p<0.05$。

表 4-27 不喜欢的同伴组 3 岁幼儿亲社会延迟满足选择倾向亲社会动机情境主效应配对样本 t 检验

动机情境配对		*M*	*SD*	*t*
Pair 1	为自己而分享	1.533	0.516	1.468
	为他人而分享	1.267	0.458	
Pair 2	为自己而分享	1.533	0.516	-1.382
	完全利他	1.733	0.458	
Pair 3	为他人而分享	1.267	0.458	-2.824*
	完全利他	1.733	0.458	

注：*表示 $p<0.05$。

其次，以同伴关系为自变量，以三种亲社会动机情境下的亲社会延迟满足选择倾向为因变量，各自做单因素一元方差分析，结果见表 4-28。由表 4-28 可知，各亲社会动机情境下的同伴关系主效应均不显著（$p>0.05$）。

表 4-28 不同亲社会动机情境下 3 岁幼儿亲社会延迟满足选择倾向同伴关系差异的方差分析

亲社会动机情境	变异来源	*SS*	*df*	*MS*	*F*
为自己而分享	同伴关系	0.400	2	0.200	1.750
	误　差	4.800	42	0.114	
为他人而分享	同伴关系	0.711	2	0.356	1.455
	误　差	10.267	42	0.244	
完全利他	同伴关系	0.533	2	0.267	1.183
	误　差	9.467	42	0.225	

（5）4 岁组幼儿亲社会延迟选择倾向的亲社会动机情境与同伴关系的交互作用

以亲社会动机情境为被试内自变量、同伴关系为被试间自变量，以亲社会延迟满足选择倾向为因变量，对 4 岁组样本做两因素重复测量方差分析，结果见表 4-29。由表 4-29 可知，亲社会动机情境被试内主效应、同伴关系被试间主效应、亲社会动机情境与同伴关系交互作用均不显著（$p>0.05$）。

表 4－29　4 岁幼儿亲社会延迟满足选择倾向的亲社会动机情境与同伴关系两因素重复测量方差分析

变异来源	*SS*	*df*	*MS*	*F*
被试内效应				
亲社会动机情境	0.578	2	0.289	1.606
亲社会动机情境×同伴关系	0.978	4	0.244	1.359
误　差	15.111	84	0.180	
被试间效应				
同伴关系	0.578	2	0.289	0.736
误　差	16.489	42	0.393	

（6）5 岁组幼儿亲社会延迟选择倾向的亲社会动机情境与同伴关系的交互作用

以亲社会动机情境为被试内自变量、同伴关系为被试间自变量，以亲社会延迟满足选择倾向为因变量，对 5 岁组样本做两因素重复测量方差分析，结果见表 4－30。由表 4－30 可知，亲社会动机情境被试内主效应显著（$p<0.01$）；同伴关系被试间主效应、亲社会动机情境与同伴关系交互作用均不显著（$p>0.05$）。

表 4－30　5 岁幼儿亲社会延迟满足选择倾向的亲社会动机情境与同伴关系两因素重复测量方差分析

变异来源	*SS*	*df*	*MS*	*F*
被试内效应				
亲社会动机情境	7.348	2	3.674	25.436＊＊
亲社会动机情境×同伴关系	1.185	4	0.296	2.051
误　差	12.133	84	0.144	
被试间效应				
同伴关系	0.459	2	0.230	0.778
误　差	12.400	42	0.295	

注：＊＊表示 $p<0.01$。

（7）喜欢的同伴组幼儿亲社会延迟选择倾向的亲社会动机情境与年龄的交互作用

以亲社会动机情境为被试内自变量、年龄为被试间自变量，以亲社会延迟满足选择倾向为因变量，对喜欢的同伴组样本做两因素重复测量方差分析，结果见表4－31。由表4－31可知，亲社会动机情境被试内主效应显著（$p<0.01$）；年龄被试间主效应、亲社会动机情境与年龄交互作用均不显著（$p>0.05$）。对亲社会动机情境主效应做三种亲社会动机情境下的亲社会延迟满足选择倾向之间的配对样本t检验，结果见表4－32。由表4－32可知，在为自己而分享动机下与为他人而分享（$p<0.05$）和完全利他（$p<0.01$）动机下的延迟满足选择倾向差异显著，幼儿在为自己而分享的动机情境下表现出来的亲社会延迟满足选择倾向显著多于在为他人而分享和完全利他的动机情境下表现出来的亲社会延迟满足选择倾向；但幼儿在为他人而分享与完全利他的动机情境下的延迟满足选择倾向差异不显著（$p>0.05$）。这表明在考虑到喜欢的同伴时，使自己获益是幼儿做出亲社会延迟满足选择倾向的主要动机。

表4－31　喜欢的同伴组幼儿亲社会延迟满足选择倾向的亲社会动机情境与年龄重复测量方差分析

变异来源	*SS*	*df*	*MS*	*F*
被试内效应				
亲社会动机情境	2.859	2	1.430	9.253**
亲社会动机情境×年龄	1.496	4	0.374	2.421
误　差	12.978	84	0.154	
被试间效应				
年　龄	0.726	2	0.363	0.972
误　差	15.689	42	0.374	

注：**表示$p<0.01$。

表 4-32　喜欢的同伴组幼儿亲社会延迟满足选择倾向亲社会动机情境主效应的配对样本 t 检验

动机情境配对		*M*	*SD*	*t*
Pair 1	为自己而分享	1.689	0.468	2.449*
	为他人而分享	1.489	0.506	
Pair 2	为自己而分享	1.689	0.468	3.697**
	完全利他	1.333	0.477	
Pair 3	为他人而分享	1.489	0.506	2.006
	完全利他	1.333	0.477	

注：* 表示 $p<0.05$，** 表示 $p<0.01$。

（8）陌生的同伴组幼儿亲社会延迟选择倾向的亲社会动机情境与年龄的交互作用

以亲社会动机情境为被试内自变量，年龄为被试间自变量，以亲社会延迟满足选择倾向为因变量，对陌生的同伴组样本做两因素重复测量方差分析，结果见表4-33。由表4-33可知，年龄被试间主效应显著（$p<0.05$）；亲社会动机情境被试内主效应、亲社会动机情境与年龄交互作用均不显著（$p>0.05$）。对年龄主效应做进一步多重比较（LSD），结果见表4-34。由表4-34可知，3岁组与5岁组差异显著（$p<0.01$），3岁幼儿表现出来的亲社会延迟满足选择倾向显著少于5岁幼儿的亲社会延迟满足选择倾向；但3岁组与4岁组、4岁组与5岁组差异不显著（$p>0.05$）。这表明在面对陌生同伴时，5岁幼儿表现出的亲社会延迟满足选择倾向显著多于3岁幼儿的亲社会延迟满足选择倾向。

表 4-33　陌生同伴组幼儿亲社会延迟满足选择倾向的亲社会动机情境与年龄的重复测量方差分析

变异来源	*SS*	*df*	*MS*	*F*
被试内效应				
亲社会动机情境	0.770	2	0.385	2.667
亲社会动机情境×年龄	1.096	4	0.274	1.897
误　差	12.133	84	0.144	

续表

变异来源	SS	df	MS	F
被试间效应				
年　龄	3.304	2	1.652	4.300*
误　差	16.133	42	0.384	

注：* 表示 $p<0.05$。

表4-34　陌生的同伴组幼儿亲社会延迟满足选择倾向年龄主效应的事后检验

（I）年龄	（J）年龄	均数差（I-J）
3岁	4岁	-0.244
	5岁	-0.378**
4岁	3岁	0.244
	5岁	-0.133
5岁	3岁	0.378**
	4岁	0.133

注：** 表示 $p<0.01$。

（9）不喜欢的同伴组幼儿亲社会延迟选择倾向的亲社会动机情境与年龄的交互作用

以亲社会动机情境为被试内自变量、年龄为被试间自变量，以亲社会延迟满足选择倾向为因变量，对不喜欢的同伴组样本做两因素重复测量方差分析，结果见表4-35。由表4-35可知，亲社会动机情境被试内主效应、亲社会动机情境与年龄交互作用显著（$p<0.01$），但年龄被试间主效应不显著（$p>0.05$）。

表4-35　不喜欢的同伴组幼儿亲社会延迟满足选择倾向的亲社会动机情境与年龄重复测量方差分析

变异来源	SS	df	MS	F
被试内效应				
亲社会动机情境	2.978	2	1.489	7.504**
亲社会动机情境×年龄	4.356	4	1.089	5.488**
误　差	16.667	84	0.198	

续表

变异来源	SS	df	MS	F
被试间效应				
年　龄	0.133	2	0.067	0.292
误　差	9.600	42	0.229	

注：＊＊表示 $p<0.01$。

由于亲社会动机情境主效应显著，故对不喜欢同伴组幼儿做三种亲社会动机情境下的亲社会延迟满足选择倾向之间的配对样本 t 检验，结果见表 4－36。由表 4－36 可知，在为自己而分享动机下与为他人而分享（$p<0.01$）和完全利他（$p<0.05$）动机下的延迟满足选择倾向差异显著，幼儿在为自己而分享的动机情境下表现出来的亲社会延迟满足选择倾向显著多于在为他人而分享和完全利他的动机情境下表现出来的亲社会延迟满足选择倾向；但幼儿在为他人而分享与完全利他的动机情境下的延迟满足选择倾向差异不显著（$p>0.05$）。这表明在考虑到不喜欢的同伴时，使自己获益是幼儿做出亲社会延迟满足选择倾向的主要动机。

表 4－36　不喜欢的同伴组幼儿亲社会延迟满足选择倾向亲社会动机情境主效应的配对样本 t 检验

动机情境配对		M	SD	t
Pair 1	为自己而分享	1.689	0.468	3.511＊＊
	为他人而分享	1.333	0.477	
Pair 2	为自己而分享	1.689	0.468	2.413＊
	完全利他	1.444	0.503	
Pair 3	为他人而分享	1.333	0.477	－1.044
	完全利他	1.444	0.503	

注：＊表示 $p<0.05$，＊＊表示 $p<0.01$。

由于亲社会动机情境与年龄交互作用显著，需要做简单效应分析。首先，以亲社会动机情境为被试内自变量，以亲社会延迟满足选择倾向为因变量，对不喜欢的同伴组中的三个年龄组样本，各自做单因素重复测量方差分析，结果见表 4－37。由表 4－37 可知，3 岁幼儿（$p<0.05$）和 5 岁幼儿（$p<0.01$）的亲社会动机情境两个主效应显著。因此需要对它们继续

做配对样本 t 检验。对不喜欢的同伴组中 3 岁幼儿在三种亲社会动机情境下的亲社会延迟满足选择倾向之间做配对样本 t 检验，由于此结果与前面表 4－27 所列结果完全一样，故在此不再赘述。继续对不喜欢的同伴组中 5 岁幼儿在三种亲社会动机情境下的亲社会延迟满足选择倾向之间做配对样本 t 检验，结果见表 4－38。由表 4－38 可知，在为自己而分享动机下与为他人而分享（$p<0.01$）和完全利他（$p<0.05$）动机下差异显著，幼儿在为自己而分享的动机情境下表现出来的亲社会延迟满足选择倾向显著多于在为他人而分享和完全利他的动机情境下表现出来的亲社会延迟满足选择倾向。这表明对于 5 岁幼儿来说，在考虑到不喜欢的同伴时，使自己获益是幼儿做出亲社会延迟满足选择倾向的主要动机。

表 4－37　不喜欢的同伴组幼儿亲社会延迟满足选择倾向的亲社会动机情境差异的重复测量方差分析

年　龄	变异来源	*SS*	*df*	*MS*	*F*
3 岁（$n=45$）	亲社会动机情境	1.644	2	0.822	4.047*
	误　差	5.689	28	0.203	
4 岁（$n=45$）	亲社会动机情境	0.178	2	0.089	0.348
	误　差	7.156	28	0.256	
5 岁（$n=45$）	亲社会动机情境	5.511	2	2.756	20.186**
	误　差	3.822	28	0.137	

注：* 表示 $p<0.05$，** 表示 $p<0.01$。

表 4－38　不喜欢的同伴组 5 岁幼儿亲社会延迟满足选择倾向亲社会动机情境主效应配对样本 t 检验

动机情境配对		*M*	*SD*	*t*
Pair 1	为自己而分享	2.000	0	5.292**
	为他人而分享	1.333	0.488	
Pair 2	为自己而分享	2.000	0	7.483**
	完全利他	1.200	0.414	
Pair 3	为他人而分享	1.333	0.489	0.807
	完全利他	1.200	0.414	

注：** 表示 $p<0.01$。

其次，以年龄为自变量，以三种亲社会动机情境下的亲社会延迟满足选择倾向为因变量，各自做单因素方差分析，结果见表4-39。由表4-39可知，为自己而分享（$p<0.01$）的动机情境下和完全利他（$p<0.05$）的动机情境下的两个年龄主效应显著。进一步的多重比较（LSD）结果见表4-40，考虑到不喜欢的同伴时，在为自己而分享的动机情境下，5岁组幼儿表现出最多的亲社会延迟满足选择倾向，并且与3岁、4岁组的差异均显著（$p<0.01$），但3岁与4岁组的差异不显著（$p<0.05$）；考虑到不喜欢的同伴时，在完全利他的动机情境下，5岁组幼儿表现出最少的亲社会延迟满足选择倾向，并且与3岁组差异显著（$p<0.01$），但5岁组与4岁组、3岁组与4岁组的差异均不显著（$p>0.05$）。

表4-39　不喜欢的同伴组幼儿在不同亲社会动机情境下亲社会延迟满足选择倾向年龄差异方差分析

亲社会动机情境	变异来源	*SS*	*df*	*MS*	*F*
为自己而分享（$n=45$）	年　龄	2.178	2	1.089	6.125**
	误　差	7.467	42	0.178	
为他人而分享（$n=45$）	年　龄	0.133	2	0.067	0.284
	误　差	9.867	42	0.235	
完全利他（$n=45$）	年　龄	2.178	2	1.089	5.119*
	误　差	8.933	42	0.213	

注：*表示$p<0.05$，**表示$p<0.01$。

表4-40　不喜欢的同伴组幼儿在不同亲社会动机情境下亲社会延迟满足选择倾向年龄主效应事后检验

	（I）年龄	（J）年龄	均数差（I-J）
为自己而分享	3岁	4岁	0.000
		5岁	-0.467**
	4岁	3岁	0.000
		5岁	-0.467**
	5岁	3岁	0.467**
		4岁	0.467**

续表

	(I) 年龄	(J) 年龄	均数差 (I-J)
完全利他	3岁	4岁	0.333
		5岁	0.533**
	4岁	3岁	-0.333
		5岁	0.200
	5岁	3岁	-0.533**
		4岁	-0.200

注：**表示 $p<0.01$。

四、讨论

(一) 幼儿亲社会延迟满足选择倾向随年龄发展的总体趋势

本研究发现，5岁幼儿做出的亲社会延迟满足选择倾向显著多于3岁幼儿做出的亲社会延迟满足选择倾向，而3岁和4岁、4岁和5岁幼儿之间的差异不显著。这表明幼儿的亲社会延迟满足选择倾向在5岁阶段有明显的提高。

这一年龄差异结果与以往研究结论不一致。Thompson，Barresi 和 Moore (1997) 的实验结果显示，3~5岁幼儿在任一实验情景中的分享倾向并不存在年龄差异。这一结果与我们的研究结果有所出入，部分原因可能在于实验设计上的不同，在他们的研究中设计了四种实验情景分别是：马上自己一个或马上一人一个、马上自己两个或马上一人一个、马上自己一个或稍后自己两个、马上自己一个或稍后一人一个，而我们的设计中包含了两个延迟分享情境，一个延迟利他情境。幼儿会依据不同的实验情景做出不同的判断，这是导致结果不同的主要原因。另外，Thompson 等人 (1997) 的实验采用0、1计分法，与我们的计分方法有所不同，这会导致统计方法上的差异以及统计结果的差异。因此，上述差异可能是导致我们研究结果不同的原因。

本研究认为，导致这种年龄差异结果出现的原因可能在于：一方面，幼儿亲社会行为的发展促进了幼儿亲社会延迟满足选择倾向的发展。根据李丹、李伯黍 (1989) 对4~11岁儿童利他行为研究结果发现，各年龄儿童做出利他选择的人数比例随着年龄的增长而增多；岑国桢、刘京海（1988）的研究则表明，在一般物品的分享上，我国儿童自5岁起已能表现出一定程度的“慷慨”。因此，和5岁幼儿相比，3岁幼儿表现出较少的亲社会延迟满足选择的行为倾向可能是由于他们缺乏利他行为与分享行为的生理基础，而5岁幼儿大多已具备这种生理基础。另一方面，幼儿延迟满足选择能力的发展促进了幼儿亲社会延迟满足选择倾向的发展。延迟满足的一种重要能力——对将来的决策，指的是一种甘愿为更有价值的长远结果而放弃即时满足的决策取向，是一种单纯的情感决策能力，与延迟满足的第一阶段——延迟选择所考察的内容极为类似。其心理机制包含三个方面：第一，能够设想将来的情境（设计个人利益）；第二，为想象中的将来做出努力；第三，做出选择。设想情境需要儿童具有良好的心理理论（对心理状态的表征）和进行自我延伸（对当前和将来因果关系的表征）的能力；为想象中的将来做出努力需要儿童抗拒眼前诱惑，做出选择需要儿童认同将来情境。这三个步骤间是相互依赖的。在这方面，以往的发展性研究的结果基本一致，即3岁幼儿和4岁、5岁幼儿之间选择延迟满足的次数有明显增长。虽然幼儿在3～4岁获得了处理将来定位情况的能力，但3岁幼儿的行为特点是只顾眼前利益而忽视将来后果，也就是说3岁幼儿对将来的后果感觉迟钝，以至于不能做出有利于将来的决策（王月花，2007）。但5岁幼儿已具备做出有利于将来的决策的能力。由此可见，3岁幼儿着眼于将来的选择能力发展还不够完善，也就是延迟选择能力发展还不够完善，这也可能是导致3岁幼儿的亲社会延迟满足选择倾向明显少于5岁幼儿的亲社会延迟满足选择倾向的原因。

（二）引入亲社会动机后幼儿亲社会延迟满足选择倾向的年龄差异

本研究发现，在为自己而分享的情境下，5岁幼儿的亲社会延迟满足选择倾向在三个年龄段幼儿中最多。5岁幼儿在为自己而分享的情境下表现出来的亲社会延迟满足选择倾向显著多于在为他人而分享的情境和完全利他的情境下表现出来的亲社会延迟满足选择倾向，使自己获益是5岁幼儿做出亲社会延迟满足选择倾向的主要动机。

在为自己而分享的情境中，幼儿需要在马上给别人一个或稍后一人一个中做出选择，幼儿在这种情境下会产生为自己分享的动机，这其实是一种利己动机。有人（Ugurel-Semin，1952）请 291 名土耳其儿童给自己和另一个认识的同龄儿童分果子（奇数），以奇数分给谁划分是否有亲社会行为。结果，4～6 岁儿童只有 33% 选择了亲社会行为。用美国儿童做被试，结果类似（林崇德，2006）。也就是说，大部分的 4～6 岁儿童不能表现出亲社会行为。这就是说，5 岁幼儿之所以会在为自己而分享的情境下，表现出比 3 岁、4 岁幼儿多的亲社会延迟满足选择的行为倾向，主要是在利己动机的驱使下使自己获益。

（三）引入诱惑物表征变量后幼儿亲社会延迟满足选择倾向的年龄差异

本研究发现，在以实物表征形式呈现诱惑物时，4 岁幼儿与 5 岁幼儿表现出同等水平的亲社会延迟满足选择倾向，都明显高于 3 岁幼儿的亲社会延迟满足选择倾向，而在以照片表征和简笔画表征形式呈现诱惑物时，未见显著年龄差异。

出现这一结果可能与幼儿的冷/热执行功能的发展有关。Metcalfe 和 Mischel（1999）提出了冷热系统来解释延迟满足中的自我控制过程。冷系统是理性的“知道”系统，是自我调节和自我控制的主导因素，而热系统是情感的“操作”系统，以情感为基础对自我控制起辅助作用。与此相类似的 Zelazo 等许多研究者提出了冷热执行功能理论。Zelazo 等人认为冷执行功能偏重于认知方面，能由对抽象的、去情景化的问题引发；热执行功能偏重于情感方面，由需要对刺激的情感意义做出灵活评价的任务引发。而延迟满足正是这样的任务（王子鉴，2007）。关于诱惑物表征对幼儿延迟等待的影响已有学者进行过实证研究，结果大多表明当诱惑物以实物的方式呈现，或者不呈现诱惑物而要求被试想象诱惑物存在时，都会阻碍学前儿童自我延迟满足的顺利进行，使延迟等待时间缩短，即便要求儿童在工作情境中等待也如此。也就是说诱惑物的实物表征激活了热系统，使儿童产生了体验消费诱惑物的反应。当诱惑物以图片的方式呈现时，对诱惑物象征性刺激的注意能够促进儿童的延迟满足。也就是说，诱惑物的非实物表征，激活了冷系统，延长了延迟等待的时间（韩玉昌，任桂琴，2006）。而关于诱惑物的表征对幼儿延迟选择的影响的研究还极为少见，本研究表明，诱惑物的实物表征会驱使3岁幼儿做出即时满足的选择倾向，使3岁幼儿和4岁、5岁幼儿相比，表现出显著缺少的亲社会延迟满足选择的行为倾向，这可能是因为相对于4岁和5岁幼儿，3岁幼儿的冷系统执行功能发育还不完善。而诱惑物的非实物表征（照片表征、简笔画表征）不能激活幼儿的热系统，因此在照片组和简笔画组未表现出亲社会延迟满足选择倾向的年龄差异。

（四）引入同伴关系变量后幼儿亲社会延迟满足选择倾向的年龄差异

本研究发现，在考虑到陌生同伴时，5岁幼儿表现出的亲社会延迟满足选择倾向在三个年龄段幼儿中最多，并显著多于3岁幼儿表现出的亲社会延迟满足选择倾向。这可能是因为：儿童通过分享真实物品来保持与他人的积极交往，当他们能够以其他方式与他人交往时，分享行为就不突出了，所以24～36个月的婴儿的分享行为随年龄的增长而下降，4～16岁儿童分享观念的发展中，“吝啬”倾向在4～6岁达到高峰，之后随着年龄增长逐渐减弱；“慷慨”倾向在5～6岁时出现飞跃并逐年增加至7～8岁（赵章留，寇彧，2006）。由此可知，5岁儿童的分享行为明显多于3岁幼儿，而且5岁儿童大多能完成延迟满足任务，因此，5岁幼儿的亲社会延迟满足选择倾向会显著多于3岁幼儿的亲社会延迟满足选择倾向。

综上所述，年龄可以单独影响幼儿亲社会延迟满足选择倾向，幼儿亲社会延迟满足选择倾向随年龄的增长而增多。这与研究者最初的假设相一致。同时，年龄也可以通过与亲社会动机情境、与诱惑物表征、与同伴关系结合后的交互作用影响幼儿亲社会延迟满足选择倾向。

五、小结

年龄可以单独影响幼儿亲社会延迟满足选择倾向，幼儿亲社会延迟满足选择倾向随年龄的增长而增多。同时，年龄也可以通过与亲社会动机情境、与诱惑物表征、与同伴关系结合后的交互作用影响幼儿亲社会延迟满足选择倾向。

第二节　幼儿亲社会延迟满足选择倾向发展的影响因素

一、研究目的

本研究的目的是通过创设与同伴分享或使同伴获益最大化的亲社会动机情境，让幼儿在以不同表征水平呈现的即时与延迟棒棒糖奖励物中做出选择的实验任务中，探讨不同亲社会动机情境下，同伴关系、诱惑物的表征水平及其交互作用对幼儿延迟选择倾向发展的影响。

二、研究方法

（一）被试

在沈阳市四所幼儿园内整群随机选取 135 名 3 ~ 5 岁幼儿作为被试。其中，3 岁组 45 人，男 22 人，女 23 人，年龄在 36 ~ 47 个月，平均年龄是 43.489 个月，标准差是 2.651 个月；4 岁组 45 人，男 25 人，女 20 人，年龄在 48 ~ 59 个月，平均年龄是 53.289 个月，标准差是 3.559 个月；5 岁组 45 人，男 21 人，女 24 人，年龄在 60 ~ 71 个月，平均年龄是 66.667 个月，标准差是 3.542 个月。

（二）实验工具与材料

幼儿园内一间安静的教室；一套儿童用的方桌和小板凳；一把成人座椅；不同表征水平的棒棒糖诱惑物：棒棒糖实物、棒棒糖的照片、棒棒糖的简笔画；实验时装诱惑物的盒子和信封。

（三）实验设计与分组

采用 3 × 3 × 3 × 3（年龄 × 亲社会动机情境 × 同伴关系 × 诱惑物表征）四因素混合实验设计。其中被试间变量有三个，分别是年龄（3 岁、4 岁、5 岁）、同伴关系（同龄同性别的陌生同伴、不喜欢的同伴、喜欢的同伴）、诱惑物的表征水平（从形象到抽象有实物表征、照片表征、简笔画表征），每个被试间变量实验处理各分配 45 名被试幼儿，由于每个被试间变量都有三种处理水平，所以每个被试间变量的每个处理水平上各分配 15 名被试幼儿。被试内变量为亲社会动机情境，有三种处理水平：①为自己而分享，指幼儿要在马上给同伴一个奖励物与稍后和同伴一人一个奖励物的选择中做出一种选择；②为他人而分享，指幼儿要在马上给自己一个奖励物与稍后和同伴一人一个奖励物的选择中做出一种选择；③完全利他，指幼儿要在马上给同伴一个奖励物与稍后给同伴两个奖励物的选择中做出一种选择。全部 135 名被试幼儿均接受这三种实验处理水平。为平衡顺序效应，被试内变量按拉丁方设计呈现。因变量是每种亲社会情境下幼儿的延迟满足选择倾向，幼儿在两种选择中，若选择前者即选择即时满足，计 1 分；若选择后者即选择延迟满足，计 2 分。

（四）实验程序

1. 预实验

正式实验前一个星期进行预实验。预实验的任务是确定诱惑物对 3 ~ 5 岁幼儿诱惑力的适宜性，3 ~ 5 岁幼儿参与实验的愿望，以及 3 ~ 5 岁幼儿对实验指导语的理解程度，并修改指导语中不适合幼儿理解的内容表达。

2. 正式实验

（1）消除被试幼儿的恐惧感

实验前主试把被试幼儿带到实验室，先和幼儿说一些与实验无关的轻松的话题，以消除幼儿对陌生主试的恐惧感，并建立熟悉感。

（2）同伴提名

和被试幼儿相互熟悉之后，主试用同伴提名的方法选出幼儿最喜欢的同龄同性别幼儿或最不喜欢的同龄同性别幼儿。同伴提名的指导语为：“现在想一想你在班级里最喜欢/最不喜欢和哪个女生/男生小朋友一起玩儿?”记下幼儿的提名。在实验中，被试幼儿喜欢的同龄同性别同伴和幼儿不喜欢的同龄同性别伙伴的姓名均直接使用每个被试幼儿实际提名时的人名，陌生女孩同伴则统一化名为小红，陌生男孩同伴则统一化名为小明。

（3）延迟满足选择任务

同伴提名之后，主试对被试幼儿说：“一会儿我要和你玩一个小游戏，在游戏结束之后你会得到一个小奖品，你愿意和我一起玩吗？”在争得幼儿的同意后，主试通过指导语向幼儿介绍实验任务。各实验组的指导语均以陌生同龄同性别同伴组为例介绍如下。

诱惑物的实物表征组：“××，一会儿我要和你玩一个假装分棒棒糖的游戏，你要和一个叫小红（小明）的小女孩（小男孩）一起分，她（他）和你一样大，但是你不认识她（他）。你看，这有一些棒棒糖，一个放在桌子的这一边，两个一起放在桌子的另一边。”主试指着一边的棒棒糖说：“如果你选择这边的棒棒糖，小红（小明）就可以马上得到一个棒棒糖。”然后再指着另一边的两个棒棒糖说：“如果你选择这边的棒棒糖，在游戏结束之后你就可以和小红（小明）一人得到一个棒棒糖，你选择哪边的？”等待幼儿做出选择，并做好记录。

然后把棒棒糖打乱，再把一个放在桌子的一边，把两个一起放在桌子的另一边。主试指着一边的棒棒糖说：“如果你选择这边的棒棒糖，你就可以马上得到一个棒棒糖。”然后再指着另一边的两个棒棒糖说：“如果你选择这边的棒棒糖，在游戏结束之后你就可以和小红（小明）一人得到一个棒棒糖，你选择哪边的？”等待幼儿做出选择，并做好记录。

然后再把棒棒糖打乱，把一个放在桌子的一边，把两个一起放在桌子的另一边。主试指着一边的棒棒糖说：“如果你选择这边的棒棒糖，小红（小明）就可以马上得到一个棒棒糖。”然后再指着另一边的两个棒棒糖说：“如果你选择这边的棒棒糖，等游戏结束之后小红（小明）就可以得到两个棒棒糖，你选择哪边的？”等待幼儿做出选择，并做好记录。

诱惑物的照片表征组：“××，一会儿我要和你玩一个假装分棒棒糖的游戏，你要和一个叫小红（小明）的小女孩（小男孩）一起分，她（他）和你一样大，但是你不认识她（他）。你看，这是两张照片，你觉得照片上照的是什么呀？”被试幼儿如果回答不出来，就提示她（他）说：“这上面照的是棒棒糖。”主试指着一边的照片说：“如果你选择这张照片上的棒棒糖，小红（小明）就可以马上得到一个棒棒糖。”然后再指着另一边的照片说：“如果你选择这张照片上的棒棒糖，在游戏结束之后你就可以和小红（小明）一人得到一个棒棒糖，你选择哪边的？”等待幼儿做出选择，并做好记录。

然后把照片调换位置。主试指着一边的照片说："如果你选择这张照片上的棒棒糖，你就可以马上得到一个棒棒糖。"然后再指着另一边的照片说："如果你选择这张照片上的棒棒糖，在游戏结束之后你就可以和小红（小明）一人得到一个棒棒糖，你选择哪边的?"等待幼儿做出选择，并做好记录。

然后再把照片调换位置。主试指着一边的照片说："如果你选择这张照片上的棒棒糖，小红（小明）就可以马上得到一个棒棒糖。"然后再指着另一边的照片说："如果你选择这张照片上的棒棒糖，等游戏结束之后小红（小明）就可以得到两个棒棒糖，你选择哪边的?"等待幼儿做出选择，并做好记录。

诱惑物的简笔画表征组："××，一会儿我要和你玩一个假装分棒棒糖的游戏，你要和一个叫小红（小明）的小女孩（小男孩）一起分，她（他）和你一样大，但是你不认识她（他）。你看，这是两张简笔画，你觉得简笔画上画的是什么呀?"被试如果回答不出来，就提示她（他）说："这上面画的是棒棒糖。"主试指着一边的简笔画说："如果你选择这张简笔画上的棒棒糖，小红（小明）就可以马上得到一个棒棒糖。"然后再指着另一边的简笔画说："如果你选择这张简笔画上的棒棒糖，在游戏结束之后你就可以和小红（小明）一人得到一个棒棒糖，你选择哪边的?"等待幼儿做出选择，并做好记录。

然后把简笔画调换位置。主试指着一边简笔画说："如果你选择这张简笔画上的棒棒糖，你就可以马上得到一个棒棒糖。"然后再指着另一边简笔画说："如果你选择这张简笔画上的棒棒糖，在游戏结束之后你就可以和小红（小明）一人得到一个棒棒糖，你选择哪边的?"等待幼儿做出选择，并做好记录。

然后再把简笔画调换位置。主试指着一边的简笔画说："如果你选择这张简笔画上的棒棒糖，小红（小明）就可以马上得到一个棒棒糖。"然后再指着另一边的简笔画说："如果你选择这张简笔画上的棒棒糖，等游戏结束之后小红（小明）就可以得到两个棒棒糖，你选择哪边的?"等待幼儿做出选择，并做好记录。

在上述三个实验组中，当在需要被试幼儿为喜欢的同龄同性别同伴组或不喜欢的同龄同性别同伴做选择的实验指导语中，都只是把同伴姓名小红（小明）换成是同伴提名中幼儿提及的真实同伴姓名，其余内容不变。若幼儿不能明白指导语，主试可重复每个实验组的指导语一两次，如果幼儿还是不能理解，就取消该幼儿的被试资格。每组实验结束后主试对幼儿说："你在游戏中表现得真好。"并实际给幼儿一个棒棒糖做奖品，最后对幼儿说："刚才玩的游戏是我俩之间的秘密，你不要跟别的小朋友说好吗?"待幼儿同意后将她（他）送回教室。

三、结果与分析

（一）亲社会动机情境、诱惑物表征、同伴关系对幼儿亲社会延迟满足选择倾向发展的独立影响

描述统计结果见表4－41、表4－42、表4－43。以亲社会动机情境为被试内自变量，年龄、性别、诱惑物表征、同伴关系为被试间自变量，以亲社会延迟满足选择倾向为因变量做多因素重复测量方差分析，所得主效应结果见表4－44。由表4－44可知，亲社会动机情境被试内主效应显著（$p<0.01$），年龄被试间主效应显著（$p<0.05$），诱惑物表征、同伴关系、性别三个被试间主效应不显著（$p>0.05$）。

表4－41　3岁组幼儿亲社会延迟满足选择倾向的描述统计（$n=45$）

		亲社会动机情境					
		为自己而分享		为他人而分享		完全利他	
		M	*SD*	*M*	*SD*	*M*	*SD*
诱惑物表征	实　物	1.267	0.458	1.133	0.352	1.400	0.507
	照　片	1.667	0.488	1.467	0.516	1.267	0.458
	简笔画	1.467	0.516	1.400	0.507	1.467	0.516
同伴关系	喜欢的同伴	1.667	0.488	1.400	0.507	1.200	0.414
	陌生同伴	1.200	0.414	1.333	0.488	1.200	0.414
	不喜欢的同伴	1.533	0.516	1.267	0.458	1.733	0.458

表 4－42　4 岁组幼儿亲社会延迟满足选择倾向的描述统计（$n=45$）

		亲社会动机情境					
		为自己而分享		为他人而分享		完全利他	
		M	*SD*	*M*	*SD*	*M*	*SD*
诱惑物表征	实　物	1.667	0.488	1.733	0.458	1.600	0.507
	照　片	1.733	0.458	1.467	0.516	1.467	0.516
	简笔画	1.400	0.507	1.267	0.458	1.267	0.458
同伴关系	喜欢的同伴	1.600	0.507	1.733	0.458	1.467	0.516
	陌生同伴	1.667	0.488	1.333	0.488	1.467	0.516
	不喜欢的同伴	1.533	0.516	1.400	0.507	1.400	0.507

表 4－43　5 岁组幼儿亲社会延迟满足选择倾向的描述统计（$n=45$）

		亲社会动机情境					
		为自己而分享		为他人而分享		完全利他	
		M	*SD*	*M*	*SD*	*M*	*SD*
诱惑物表征	实　物	1.733	0.458	1.600	0.507	1.467	0.516
	照　片	1.867	0.352	1.400	0.507	1.400	0.507
	简笔画	2.000	0.000	1.267	0.458	1.133	0.352
同伴关系	喜欢的同伴	1.800	0.414	1.333	0.488	1.333	0.488
	陌生同伴	1.800	0.414	1.600	0.507	1.467	0.516
	不喜欢的同伴	2.000	0.000	1.333	0.499	1.200	0.414

表 4－44　幼儿亲社会延迟满足选择倾向多因素重复测量方差分析的主效应（$N=135$）

变异来源		*SS*	*df*	*MS*	*F*
被试内效应	亲社会动机情境	4.630	2	2.315	14.922**
	被试内误差	25.444	164	0.155	
被试间效应	年　龄	1.664	2	0.832	3.141*
	诱惑物表征	1.058	2	0.529	1.998
	同伴关系	0.176	2	0.088	0.333
	性　别	0.057	1	0.057	0.214
	被试间误差	21.722	82	0.265	

注：*表示 $p<0.05$，**表示 $p<0.01$。

由于亲社会动机情境主效应显著，故继续做三种亲社会动机情境下亲社会延迟满足选择倾向的配对样本 t 检验，结果见表 4－45。由表 4－45 可知，为自己而分享的情境与为他人而分享和完全利他的情境差异显著（$p<0.01$），幼儿在为自己而分享的情境下表现出来的亲社会延迟满足选择倾向显著多于在为他人而分享和完全利他的情境下表现出来的亲社会延迟满足选择倾向；但为他人而分享的情境与完全利他情境的差异不显著（$p>0.05$）。这表明使自己获益是幼儿做出亲社会延迟满足选择倾向的主要动机。

表 4－45　幼儿亲社会延迟满足选择倾向亲社会动机情境主效应的配对样本 t 检验（$N=135$）

亲社会动机情境配对		*M*	*SD*	*t*
Pair 1	为自己而分享	1.644	0.481	4.560**
	为他人而分享	1.415	0.495	
Pair 2	为自己而分享	1.644	0.481	4.663**
	完全利他	1.385	0.489	
Pair 3	为他人而分享	1.415	0.495	0.576
	完全利他	1.385	0.489	

注：＊＊表示 $p<0.01$。

（二）亲社会动机情境与诱惑物表征对幼儿亲社会延迟满足选择倾向发展的交互影响

以亲社会动机情境为被试内自变量，以年龄、诱惑物表征、同伴关系、性别为被试间自变量，以亲社会延迟满足选择倾向为因变量，做多因素重复测量方差分析，所得被试内交互作用结果见表 4－46，所得被试间交互作用结果见表 4－47。由表 4－46 可知，亲社会动机情境与年龄交互作用显著（$p<0.01$）；亲社会动机情境与诱惑物表征交互作用显著（$p<0.05$）；亲社会动机情境与年龄、同伴关系三次交互作用显著（$p<0.01$）；而其他交互作用均不显著（$p>0.05$）。这表明，亲社会动机情境与年龄的结合、亲社会动机情境与诱惑物表征的结合、亲社会动机情境与年龄以及同伴关系三者的结合可交互影响幼儿的亲社会延迟满足选择倾向。由表 4－47 可知，年龄与诱惑物表征交互作用显著（$p<0.05$）；年龄、同伴关系、性别三次交互作用

显著（$p<0.05$）。这表明年龄与诱惑物表征的结合、年龄与同伴关系以及性别三者的结合可交互影响幼儿的亲社会延迟满足选择倾向。

表4-46　幼儿亲社会延迟满足选择倾向多因素重复测量方差分析的被试内交互作用（$N=135$）

变异来源	*SS*	*df*	*MS*	*F*
亲社会动机情境×年龄	2.374	4	0.593	3.825**
亲社会动机情境×诱惑物表征	1.661	4	0.415	2.677*
亲社会动机情境×同伴关系	0.939	4	0.235	1.514
亲社会动机情境×性别	0.166	2	0.083	0.536
亲社会动机情境×年龄×诱惑物表征	1.268	8	0.159	1.022
亲社会动机情境×年龄×同伴关系	4.036	8	0.505	3.252**
亲社会动机情境×诱惑物表征×同伴关系	1.464	8	0.183	1.179
亲社会动机情境×年龄×诱惑物表征×同伴关系	2.114	16	0.132	0.851
亲社会动机情境×年龄×性别	0.611	4	0.153	0.984
亲社会动机情境×诱惑物表征×性别	0.214	4	0.054	0.345
亲社会动机情境×年龄×诱惑物表征×性别	1.874	8	0.234	1.510
亲社会动机情境×同伴关系×性别	0.418	4	0.104	0.673
亲社会动机情境×年龄×同伴关系×性别	1.346	8	0.168	1.085
亲社会动机情境×诱惑物表征×同伴关系×性别	1.425	8	0.178	1.148
亲社会动机情境×年龄×诱惑物表征×同伴关系×性别	2.547	14	0.182	1.173
被试内误差	25.444	164	0.155	

注：*表示$p<0.05$，**表示$p<0.01$。

表4-47　幼儿亲社会延迟满足选择倾向多因素重复测量方差分析的被试间交互作用（$N=135$）

变异来源	*SS*	*df*	*MS*	*F*
年龄×诱惑物表征	3.446	4	0.861	3.252*
年龄×同伴关系	2.340	4	0.585	2.208
诱惑物表征×同伴关系	1.107	4	0.277	1.044
年龄×诱惑物表征×同伴关系	2.618	8	0.327	1.235

续表

变异来源	*SS*	*df*	*MS*	*F*
年龄×性别	0.707	2	0.354	1.335
诱惑物表征×性别	0.455	2	0.227	0.858
年龄×诱惑物表征×性别	0.470	4	0.117	0.443
同伴关系×性别	0.676	2	0.338	1.275
年龄×同伴关系×性别	3.144	4	0.786	2.967*
诱惑物表征×同伴关系×性别	1.209	4	0.302	1.141
年龄×诱惑物表征×同伴关系×性别	3.729	7	0.533	2.011
被试间误差	21.722	82	0.265	

注：*表示 $p<0.05$。

1. 不同亲社会动机情境下幼儿亲社会延迟满足选择倾向的诱惑物表征差异

以诱惑物表征为自变量，以三种亲社会动机情境下的亲社会延迟满足选择倾向为因变量，各自做单因素方差分析，考察不同亲社会动机情境下幼儿亲社会延迟满足选择倾向的诱惑物表征差异，画出交互作用图解，结果见表4-48和图4-9。

表4-48　不同亲社会动机情境下幼儿亲社会延迟满足选择倾向的诱惑物表征差异的单因素方差分析

亲社会动机情境	变异来源	*SS*	*df*	*MS*	*F*
为自己而分享	诱惑物表征	0.933	2	0.467	2.053
	误　差	30.000	132	0.227	
为他人而分享	诱惑物表征	0.770	2	0.385	1.589
	误　差	32.000	132	0.242	
完全利他	诱惑物表征	0.904	2	0.452	1.920
	误　差	31.067	132	0.235	

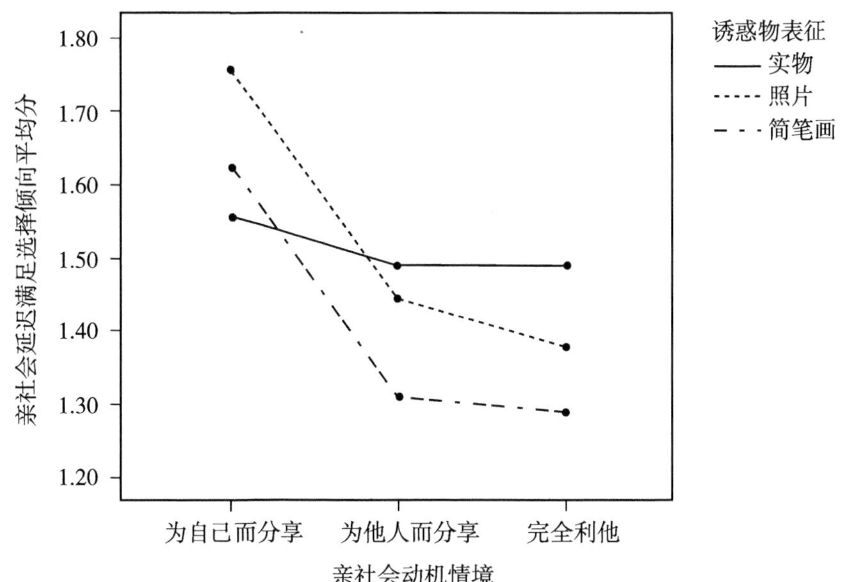

图4-9　面对不同诱惑物表征时幼儿亲社会延迟满足选择倾向在亲社会动机情境上的差异

首先，在为自己而分享的情境下，由图4-9可见，照片组幼儿的亲社会延迟满足选择倾向平均分最高，简笔画组幼儿的亲社会延迟满足选择倾向平均分居中，实物组幼儿的亲社会延迟满足选择倾向平均分最低，但图4-9中各诱惑物表征组分数的差异并不大，由表4-48可见这种诱惑物表征主效应不显著（$p>0.05$）。

其次，在为他人而分享的情境下，由图4-9可见，实物组幼儿的亲社会延迟满足选择倾向平均分最高，照片组幼儿的亲社会延迟满足选择倾向平均分居中，简笔画组幼儿的亲社会延迟满足选择倾向平均分最低，但图4-9中各诱惑物表征组分数的差异并不大，由表4-48可见这种诱惑物表征主效应不显著（$p>0.05$）。

最后，在完全利他的情境下，由图4-9可见，实物组幼儿的亲社会延迟满足选择倾向平均分最高，照片组幼儿的亲社会延迟满足选择倾向平均分居中，简笔画组幼儿的亲社会延迟满足选择倾向平均分最低，但图4-9中各诱惑物表征组分数的差异并不大，由表4-48可见这种诱惑物表征主效应不显著（$p>0.05$）。

虽然单因素方差分析的结果显示，在各种亲社会动机情境下诱惑物表征主效应均不显著，但是为了避免遗漏可能存在的小部分实验效果，对三种亲社会动机情境下的诱惑物表征主效应也都做了进一步的多重比较（LSD）。结果发现，只有在为自己而分享的情境下，实物组与照片组幼儿亲社会延迟满足选择倾向差异显著（$p<0.05$），见表4－49，照片组幼儿表现出来的亲社会延迟满足选择倾向显著多于实物组幼儿表现出来的亲社会延迟满足选择倾向，这表明随着诱惑物抽象水平的提高幼儿亲社会延迟满足选择能力有所提升。其余各种亲社会动机情境下，三个诱惑物表征组之间的差异均未得到统计学显著性意义结果（$p>0.05$）。

表4－49 为自己而分享的动机下幼儿亲社会延迟满足选择倾向诱惑物表征主效应的事后检验

（I）诱惑物表征	（J）诱惑物表征	均数差（I－J）
实　物	照　片	－0.200*
	简笔画	－0.067
照　片	实　物	0.200*
	简笔画	0.133
简笔画	实　物	0.067
	照　片	－0.133

注：＊表示 $p<0.05$。

2. 不同诱惑物表征组幼儿亲社会延迟满足选择倾向的亲社会动机差异

以亲社会动机情境为被试内自变量，以亲社会延迟满足选择倾向为因变量，分别对3个诱惑物表征组样本，各自做单因素重复测量方差分析，考察不同诱惑物表征组幼儿亲社会延迟满足选择倾向的亲社会动机差异，画出交互作用图解，结果见表4－50和图4－10。

表4－50 不同诱惑物表征组幼儿亲社会延迟满足选择倾向亲社会动机差异单因素重复测量方差分析

诱惑物表征	变异来源	*SS*	*df*	*MS*	*F*
实　物（$n=45$）	亲社会动机情境	0.133	2	0.067	0.341
	误　差	17.200	88	0.195	
照　片（$n=45$）	亲社会动机情境	3.659	2	1.830	10.729**
	误　差	15.007	88	0.171	

续表

诱惑物表征	变异来源	SS	df	MS	F
简笔画（$n=45$）	亲社会动机情境	3.126	2	1.563	8.486**
	误 差	16.207	88	0.184	

注：**表示 $p<0.01$。

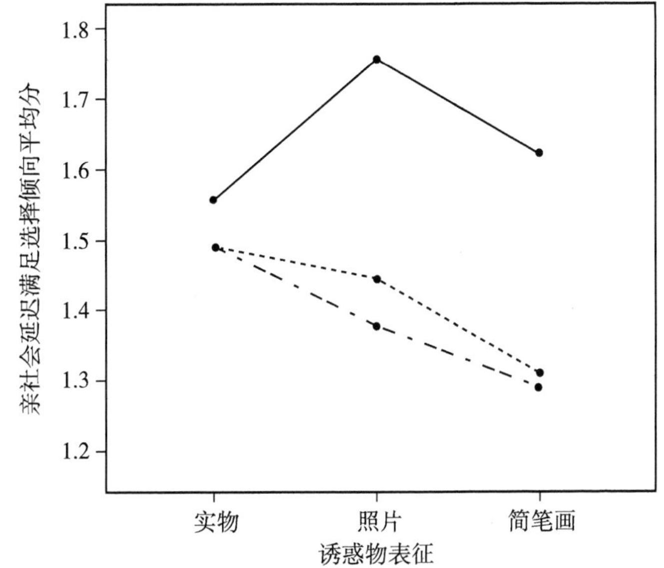

图 4－10 不同亲社会动机情境下幼儿亲社会延迟满足选择倾向在诱惑物表征上的差异

首先，在实物组中，由图 4－10 可见，在为自己而分享动机下亲社会延迟满足选择倾向的平均分最高，在为他人而分享和完全利他动机下幼儿亲社会延迟满足选择倾向平均分相同，且都低于为自己而分享动机下的平均分。但图 4－10 中三种亲社会动机情境下延迟满足选择分数的差异并不大，由表 4－50 可见这种亲社会动机情境主效应不显著（$p>0.05$）。

其次，在照片组和简笔画组中，由图 4－10 可见，幼儿都表现为在为自己而分享动机下亲社会延迟满足选择倾向的平均分最高，在为他人而分享动机下亲社会延迟满足选择倾向的平均分居中，在完全利他动机下幼儿亲社会延迟满足选择倾向的平均分最低。而且由图 4－10 可见，两组幼儿为自己而分享动机下的亲社会延迟满足选择倾向平均分，与为他人而分享、完全利他动机下的亲社会延迟满足选择倾向的平均分差异都很大，由表 4－50 可见，照片组和简笔画组幼儿亲社会动机情境主效应显著（$p < 0.01$）。进一步做三种亲社会动机情境下亲社会延迟满足选择倾向的配对样本 t 检验，结果见表 4－51 和表 4－52。由表 4－51 和表 4－52 可知，两组幼儿都表现为为自己而分享的情境与为他人而分享的情境和完全利他的情境均差异显著（$p < 0.01$），但在为他人而分享的情境与完全利他的情境之间差异不显著（$p > 0.05$）。这表明在以照片和简笔画两种较为抽象的表征形式呈现诱惑物时，幼儿在为自己而分享的情境下表现出来的亲社会延迟满足选择倾向显著多于在为他人而分享的情境和完全利他的情境下表现出来的亲社会延迟满足选择倾向，使自己获益是幼儿做出亲社会延迟满足选择倾向的主要动机。

表 4－51　照片表征组幼儿亲社会延迟满足选择倾向亲社会动机情境主效应的配对样本 t 检验（$n = 45$）

亲社会动机情境配对		*M*	*SD*	*t*
Pair 1	为自己而分享	1.756	0.435	4.057**
	为他人而分享	1.444	0.503	
Pair 2	为自己而分享	1.756	0.437	4.403**
	完全利他	1.378	0.490	
Pair 3	为他人而分享	1.444	0.503	0.684
	完全利他	1.378	0.490	

注：**表示 $p < 0.01$。

表 4－52　简笔画表征组幼儿亲社会延迟满足选择倾向亲社会动机情境主效应的配对样本 t 检验

亲社会动机情境配对		*M*	*SD*	*t*
Pair 1	为自己而分享	1.622	0.490	3.296**
	为他人而分享	1.311	0.468	
Pair 2	为自己而分享	1.622	0.490	3.496**
	完全利他	1.289	0.458	
Pair 3	为他人而分享	1.311	0.468	0.274
	完全利他	1.289	0.458	

注：**表示 $p < 0.01$。

关于三次交互作用的分析结果见本章第一节中的“三、结果与分析”部分的介绍，这里不再赘述。

四、讨论

（一）亲社会动机情境对幼儿亲社会延迟满足选择倾向的影响

1. 幼儿在不同亲社会动机情境下的亲社会延迟满足选择倾向的差异

亲社会动机情境是指激发幼儿做出亲社会延迟满足选择的行为倾向的动机情境，在本研究中设计了三种亲社会动机情境：为自己而分享、为他人而分享、完全利他。本研究发现，在这三种动机情境中，幼儿在为自己而分享的情境下表现出来的亲社会延迟满足选择倾向显著多于在为他人而分享和完全利他的情境下表现出来的亲社会延迟满足选择倾向，但为他人而分享的情境与完全利他的情境的差异不显著，并且这种差异主要体现在 5 岁幼儿身上，3 岁、4 岁幼儿的亲社会动机情境主效应不显著。在为自己而分享的动机驱使下 5 岁幼儿表现出最多的亲社会延迟满足选择倾向。

首先，在本研究中，3 岁幼儿在三种亲社会动机情境下的延迟满足选择倾向没有显著差异，这可能是由于 3 岁幼儿缺乏观点采择能力，不能在三种情境下同时考虑自己的观点和他人的观点所造成的，这一结果与蒋钦等人的研究发现一致。在蒋钦（2008）的研究中，3 岁幼儿在为自己选和为他人选两种情境下的成绩没有差异，即使加入延迟满足提示条件后，3 岁幼儿的观点采择得分和为他人做选择的延迟满足成绩的相关仍不显著。这说明 3 岁幼儿不具备观点采择的能力，不能区分自己和他人的想法，他们尚不具备同时表征冲突心理状态的能力，这样为自己选和为他人选并不冲突，在每种条件下都是按照自己的想法做选择，因此在为自己和为他人选的条件下的差异不显著。

其次，在本研究中，4 岁幼儿在三种亲社会动机情境下的延迟满足选择倾向也没有显著差异，这一结果与蒋钦等人的研究发现部分一致。在蒋钦（2008）的研究中，在未加入延迟满足提示条件时，4 岁幼儿在为自己选和为他人选两种情境下的成绩没有差异，但加入延迟满足提示条件后，4 岁幼儿在即时满足提示条件下的观点采择得分和为他人做选择的延迟满足成绩呈显著的负相关，在延迟满足提示条件下的观点采择得分和为他人做选择的延迟满足成绩呈正相关趋势，但相关系数没有统计学的显著性意义。这说明 4 岁幼儿中，观点采择能力发展越好的被试在即时满足提示条件为他人选择中越倾向于选择即时满足。但在本研究中，未见 4 岁幼儿在不同亲社会动机情境下的显著差异，可能是因为虽然 4 岁幼儿开始具有想象与自己的当前状态相冲突的不同心理状态的能力，能够进行观点采择，但在本研究的实验中没有加入即时或延迟满足提示条件，也没有关于他人观点的信息（对他人状态、环境认知因素），从而导致幼儿的为他人的选择动机缺乏，只能根据自己的观点推及他人的观点，所以 4 岁幼儿在三种亲社会动机情境下的表现也没有区别。

最后，在本研究中，5 岁幼儿为自己而分享的延迟满足选择倾向显著多于为他人而分享的延迟满足选择倾向或完全利他的延迟满足选择倾向。也就是说，5 岁幼儿能在不同动机情境下做选择时考虑到别人的观点，当别人的出现与自己的利益相冲突时，5 岁幼儿倾向于做出相对自私的选择，即他们仍主要从自己的利益出发而做出选择，使自己获益是幼儿做出亲社会延迟满足选择倾向的主要动机。

2. 引入诱惑物表征变量后幼儿在不同亲社会动机情境下的亲社会延迟满足选择倾向的差异

本研究发现，实物组幼儿的亲社会动机情境主效应不显著，但在以照片和简笔画两种较为抽象的表征形式呈现诱惑物时，幼儿在为自己而分享的情境下表现出来的亲社会延迟满足选择倾向显著多于在为他人而分享的情境和完全利他的情境下表现出来的亲社会延迟满足选择倾向。这表明随着诱惑物抽象水平的提高，幼儿做出亲社会延迟满足选择的倾向增多了。这可能是因为，诱惑物的实物表征形式激活了幼儿的热系统，使他们更倾向于做出即时选择而未表现出亲社会延迟满足选择倾向的差异，相反照片和简笔画则以相对较为抽象的认知表征形式激活了幼儿的冷系统，使他们更倾向于做出延迟满足的选择。

3. 引入同伴关系变量后幼儿在不同亲社会动机情境下的亲社会延迟满足选择倾向的差异

本研究发现，在考虑到喜欢的同伴和考虑到不喜欢的同伴两种情况下，幼儿在为自己而分享的动机情境下表现出来的亲社会延迟满足选择倾向都显著多于在为他人而分享和完全利他的动机情境下表现出来的亲社会延迟满足选择倾向，使自己获益都是幼儿做出亲社会延迟满足选择倾向的主要动机。

在张文新、林崇德（1999）的一篇名为“儿童社会观点采择的发展及其与同伴互动关系的研究”的报告中，作者得出这样的结论：儿童的社会观点采择能力与其同伴互动经验之间有着密切的关系，同伴互动经验对儿童社会观点采择能力有显著的积极影响。在本研究中，虽然研究同伴未出现在被试面前，只是让被试想象自己喜欢的和不喜欢的同伴，这就会使幼儿回想起自己与同伴的互动经验，也就是说这一设计相当于加入了同伴互动关系的因素，这样一来相当于为3岁、4岁幼儿的社会观点采择增加了线索提示，从而使3岁、4岁幼儿能够理解别人的不同想法，并导致原本亲社会动机情境主效应不显著的3岁、4岁幼儿组在加入同伴关系变量后喜欢和不喜欢同伴组的亲社会动机情境主效应变得显著。虽然幼儿在这种情况下做选择时可以考虑到别人的观点，但当别人的出现与自己的利益相冲突时，幼儿还是倾向于做出相对自私的选择，即为了自己才选择延迟并与别人分享。但当幼儿想象陌生同伴时，就没有同伴互动的经验，因此3岁、4岁陌生同伴组幼儿在各种亲社会动机情境下的亲社会延迟满足选择倾向的差异不显著。

综上所述，亲社会动机情境可以单独影响幼儿亲社会动机延迟满足选择倾向，在为自己而分享的情境下幼儿更倾向于选择延迟满足，这与研究者最初的假设相一致。同时，亲社会动机情境也可以通过与诱惑物表征、与同伴关系结合后的交互作用影响幼儿亲社会延迟满足选择倾向。

（二）诱惑物表征对幼儿亲社会延迟满足选择倾向的影响

本研究发现，诱惑物表征主效应不显著，诱惑物表征不能单独影响幼儿亲社会延迟满足选择倾向，它只能通过与年龄、亲社会动机情境相结合的交互作用影响幼儿亲社会延迟满足选择倾向，本研究检验到的诱惑物表征对亲社会延迟满足选择倾向的影响有三处。

第一，对于4岁幼儿来说，在面对诱惑物的实物表征时，他们表现出最多的亲社会延迟满足选择倾向，随着诱惑物表征抽象程度的提高，他们表现出来的亲社会延迟满足选择倾向在减少。这一结果和以往关于延迟满足中的延迟维持阶段的研究成果不同，这些研究一般表明，实物表征会缩短幼儿的延迟等待时间。但由于本研究考察的只是幼儿亲社会延迟满足的选择倾向，不涉及延迟等待，再加上在3～5岁阶段中4岁幼儿不仅亲社会行为发展得最好，也处于延迟满足能力发展的关键时期，因此，4岁幼儿更倾向于做出亲社会行为和延迟满足行为，而且棒棒糖的实物表征不会让他们经历更加难熬的延迟等待阶段，只会让他们的分享行为更加有实际意义（直接分享棒棒糖比分享照片或简笔画上的棒棒糖来得更实在）。所以，4岁幼儿的亲社会延迟满足选择倾向，随着诱惑物表征抽象程度的提高而减少。

第二，在为自己而分享的情境下，照片组幼儿表现出来的亲社会延迟满足选择倾向显著多于实物组幼儿表现出来的亲社会延迟满足选择倾向，这表明随着诱惑物抽象水平的提高，幼儿亲社会延迟满足选择能力有所提升。这可能是因为诱惑物的实物表征能激活幼儿的热系统使幼儿做出更多的即时选择，而诱惑物的抽象表征能激活幼儿的冷系统使幼儿做出更多的延迟选择，因此，这两组幼儿的亲社会延迟满足选择倾向才会出现显著的差异。

第三，在以照片和简笔画两种较为抽象的表征形式呈现诱惑物时，幼儿在为自己而分享的情境下表现出来的亲社会延迟满足选择倾向显著多于在为他人而分享的情境和完全利他的情境下表现出来的亲社会延迟满足选择倾向，使自己获益是幼儿在这种情况下做出亲社会延迟满足选择倾向的主要动机。这可能是因为，幼儿觉得分享照片或简笔画上的棒棒糖没有分享真正的棒棒糖更实际，再加上他们的观点采择能力发展得不完善，他们会从自己的角度出发，认为别的儿童也是希望分享到真正的棒棒糖，而不是照片和简笔画上抽象的棒棒糖。因此，照片和简笔画组的幼儿，在为他人而分享和完全利他的情境下，他们不倾向于和同伴分享或使同伴的利益最大化。但不管怎样，幼儿都希望自己能得到一些东西，即使是棒棒糖的照片或简笔画也好。所以，照片组和简笔画组的幼儿在为自己而分享的情境下表现出来的亲社会延迟满足选择倾向显著多于在为他人而分享的情境和完全利他的情境下表现出来的亲社会延迟满足选择倾向。

（三）同伴关系对幼儿亲社会延迟满足选择倾向的影响

本研究发现，同伴关系主效应不显著，同伴关系不能单独影响幼儿亲社会延迟满足选择倾向，它只能通过与年龄、亲社会动机情境相结合的交互作用影响幼儿亲社会延迟满足选择倾向，即在完全利他动机情境下，3 岁幼儿指向不喜欢同伴的亲社会延迟满足选择倾向显著多于指向喜欢的同伴和陌生同伴的亲社会延迟满足选择倾向。

可能是因为，在儿童交往能力发展过程中，小班到中班时期出现一个加速期，儿童在这个时期交往能力和数量加速增长。对于处于这个时期的 3 岁幼儿来说，他们愿意和很多人交往，包括喜欢的和不喜欢的。在本研究中，我们通过同伴提名选出幼儿喜欢的同伴，同伴关系的指导语为：想一想在班级里你最喜欢/最不喜欢和哪个男生/女生小朋友一起玩，这些被选出来的幼儿已经和被试保持着一起玩的同伴关系，被试不用再通过分享棒棒糖和这些幼儿交朋友。对于被试不喜欢的同伴，被试和他们不是经常在一起玩或和他们在一起玩的过程中不是很愉快，但是 3 岁幼儿处于交往能力发展的加速期，他们需要扩大交往范围和数量，且如前所述，分享是 3 岁幼儿同伴交往的主要手段，因此，3 岁幼儿会通过分享棒棒糖的方式使他们不喜欢的幼儿也成为他们的玩伴。但对于陌生的幼儿来说，由于被试没有和他们一起活动的经验，加之一般家长也会教导幼儿不要和陌生人交往，所以 3 岁幼儿表现出来的指向陌生同伴的亲社会延迟满足选择倾向自然就会比较少。

五、小结

亲社会动机情境可以单独影响幼儿亲社会延迟满足选择倾向，在为自己而分享的情境下幼儿更倾向于选择延迟满足。同时，亲社会动机情境也可以通过与诱惑物表征、与同伴关系结合后的交互作用影响幼儿亲社会延迟满足选择倾向。

诱惑物表征和同伴关系不能单独影响幼儿亲社会延迟满足选择倾向，它们只能通过与年龄、亲社会动机情境相结合的交互作用影响幼儿亲社会延迟满足选择倾向。

Chapter 5

第五章

幼儿选择性延迟满足自我控制能力的发展

第一节　幼儿选择性延迟满足自我控制能力发展的年龄特征

一、研究目的

本研究的目的是依据 Mischel 延迟满足的选择等待实验范式，将实验室实验与情景观察有机结合，观察并分析幼儿选择性延迟满足维持过程中的自发行为表现，分年龄段取样，深入考察我国 3 ~5 岁幼儿选择性延迟满足自我控制能力发展的年龄特征。

二、研究方法

（一）被试

在大连市两所普通幼儿园随机抽取 118 名 3 ~5 岁幼儿作为研究被试。其中，3 岁 39 人（男 19 人，女 20 人），4 岁 40 人（男女各半），5 岁 39 人（男 19 人，女 20 人）。

（二）实验工具与材料

一套幼儿用的方桌和小凳子。一个直径 20cm 长具有儿童化性质的钟表（见图 5 -1）；一个门铃；奖励物有两类，其中玩具类（见图 5 -3）为一辆大的电动玩具救火车（延迟奖励物）、一辆小的塑料玩具卡车（即时奖励物）；食物类（见图 5 -4）为两盘巧克力，一盘装有 2 块（延迟奖励物）、另一盘装有 1 块（即时奖励物）；实验前使用的两盘小薯片（见图 5 -2），一盘装有 2 片、另一盘装有 1 片；物品实样见图 5－1～图 5－4。一块计时秒表，一把成人座椅，录像机及若干盘录像带。

图 5－1　儿童化性质的钟表

图 5－2　实验前使用的小薯片

图 5－3　实验时使用的玩具奖励物

图 5－4　实验时使用的 M & M 巧克力豆

（三）实验设计与研究程序

采用 3×2×2（年龄×性别×奖励物）三因素完全随机实验设计。具体实验安排在每天下午家长接幼儿的时候，由经过培训的发展心理学研究者担任主试。

实验前，幼儿由家长陪伴到有单向玻璃的儿童心理实验室以适应环境，主试告诉家长："在整个实验过程中，请您不要跟孩子交谈，如果孩子到您这儿来，不要理他，最多只能告诉孩子'妈妈在忙'（填写一份问卷）。在实验过程中，我要离开一段时间，请您不要干预孩子，不要告诉孩子该干什么，不该干什么。"请家长在场的目的是消除幼儿在陌生实验室里等待时的恐惧感。然后主试培训幼儿了解桌子上门铃的用途和用法、理解自我延迟满足程序和任务。首先，主试跟幼儿说："我们玩个游戏，我到旁边的房间去工作，我把门关上，你按铃我能听见铃声，我就回来了。现在我出去到那个房间里去，你按铃，看看能不能把我叫回来。"其次，让幼儿在两盘小薯片之间选择一盘他/她想吃的，再告诉幼儿可以吃到薯片的条件是必须等待；这之后就教幼儿认识钟表（60 秒），钟表上的“12”用葡萄表示、“3”用西瓜表示、“6”用香蕉表示、“9”用樱桃表示；当表针走到葡萄/西瓜处时，既而告诉幼儿等表针从葡萄/西瓜处走到香蕉/樱桃的地方（30 秒），你就可以吃到这些小薯片。培训最多次数是 5 次，有两次呈现出对程序的正确反应，就说明被试幼儿知道按铃就可以叫回主试，并理解等待就能得到的道理，可以开始正式实验。

正式实验时，主试给被试拿来一辆玩具大救火车和一辆玩具小卡车，在地上演示玩法，之后将玩具放在桌子上，询问被试喜欢哪辆车，被试选择大救火车，主试便说：“一会儿我必须到隔壁房间工作，等我工作完自己从房间里出来后你就可以玩这辆大救火车。如果你不想等，你可在任何时候按铃把我叫出来，如果你按铃把我叫出来，你就只能玩这辆小卡车。我不在时你不能玩车，如果你玩了，我回来后你也不能玩这辆大救火车。”指导语重复两遍。为确定幼儿是否理解等待与奖励物的因果关系，要向幼儿提出以下 3 个问题：①“等我工作完自己从房间里出来，你可以玩哪辆车？”②“如果你不想等了，该怎么办？”③“你按铃把我从房间里叫出来，可以玩哪辆车？”幼儿正确回答后，主试说“我走了”，到隔壁房间去，开始计时。幼儿参加实验时，家长只是坐在一个角落里填写问卷。用隐蔽的录像设备摄录实验全过程。

（四）计时与编码

延迟时间计时：在米氏延迟满足选择等待范式中，将儿童完成等待的时间标准确定为 20 分钟或 15 分钟。参照此标准，又考虑到本研究被试幼儿年龄较小的实际情况，本研究将幼儿完成等待的时间标准定为 15 分钟。延迟时间计时方法如下：将主试转身离开房间的那一瞬间作为计时起点，延迟行为的终止可能出现以下三种情形：幼儿一直等到 15 分钟后主试自己从房间里出来，完成等待，获得延迟奖励，记 15 分钟；幼儿中途按铃终止延迟，得到即时奖励；幼儿中途因违规玩车而终止延迟。幼儿的延迟时间为计时起点和终止点间隔的时间，以秒为单位。

延迟策略编码：采取时间取样观察法，对录像记录的幼儿延迟行为编码。

每隔 15 秒记录该时间段内幼儿的典型行为，幼儿表现出何种行为就在相应策略下记 1 分。根据对所有录像内容的观察分析，最终将幼儿的典型行为划分为如下 11 种延迟策略。①企图按铃：被试企图按铃，但没按响，又拿了下来；②消极行为：被试发脾气、哭或说气话等所有消极行为；③寻求母亲：所有指向母亲的活动；④寻求目标：所有与奖励物有关的活动，如被试靠近、注视或碰一下车，但实际上没有玩它们；⑤回避铃：被试将铃推远；⑥动作分散：被试在凳子上动来动去，看自己的手或四周，玩铃；⑦离座：被试离开座位，在房间里活动；⑧静坐：被试安静地坐在凳子上；⑨任务自语：被试自语关于等待奖励物的话题，例如，“我想让那个阿姨（主试）回来”“那个阿姨什么时候回来”；⑩非任务自语：被试自语与等待奖励物无关的话题，例如，被试自己讲故事；⑪自我强化：被试企图说服自己等待，例如，“我必须得等”“我不要按铃”。为保证研究的可靠性，对评分者如何编码进行培训，当两位评分者编码达到 90% 一致后，再对录像进行编码。

三、结果与分析

（一）3 ~5 岁幼儿延迟满足延迟时间差异比较

3 ~5 岁幼儿延迟满足平均延迟时间见表 5 –1。对延迟时间做 3（年龄：3 岁、4 岁、5 岁）×2（性别：男、女）×2（奖励物：玩具车、巧克力）方差分析（MANOVA），结果显示，年龄主效应显著，$F_{(2,106)} = 11.303$，$p < 0.001$。而性别主效应，$F_{(1,106)} = 1.396$；奖励物主效应，$F_{(1,106)} = 0.000$；以及各交互作用（性别 × 年龄，$F_{(2,106)} = 2.319$；性别 × 奖励物，$F_{(1,106)} = 0.793$；年龄 × 奖励物，$F_{(2,106)} = 0.920$；性别 × 年龄 × 奖励物，$F_{(2,106)} = 0.273$）则均不显著，$p > 0.05$。对年龄主效应的进一步多重比较（LSD）显示，3 岁与 4 岁差异显著，$p < 0.01$；4 岁与 5 岁差异比较显著，$p < 0.05$；3 岁与 5 岁差异非常显著，$p < 0.001$；这表明 3 ~5 岁幼儿延迟满足发展迅速，存在显著年龄差异，幼儿平均延迟时间随年龄增长显著延长。性别主效应不显著，表明总体上 3 ~5 岁男女幼儿的延迟满足发展水平基本相当。奖励物主

效应不显著，表明奖励物类型在本研究中不是影响幼儿延迟满足的主要因素。另外，年龄与是否完成选择等待任务的 χ^2 检验结果差异也显著，$\chi^2=8.029$，$p<0.05$。3 岁组 39 名幼儿中只有 9 名完成等待；4 岁组 40 名幼儿中有 11 名完成等待；5 岁组 39 名幼儿中有 20 名完成等待。这一结果从另一个侧面反映了幼儿延迟满足发展水平随年龄增长而发展的趋势。

表 5-1　3~5 岁幼儿延迟满足平均延迟时间（单位：秒）

	3 岁			4 岁			5 岁		
	n	*M*	*SD*	*n*	*M*	*SD*	*n*	*M*	*SD*
男	19	226.26	365.45	20	545.80	340.43	19	551.74	343.11
女	20	319.70	364.38	20	445.80	315.37	20	751.55	255.05
玩具车	20	220.10	315.76	20	510.90	363.01	22	664.00	290.57
巧克力	19	331.11	408.07	20	480.70	297.25	17	641.53	350.55
总　体	39	274.18	363.16	40	495.80	327.84	39	654.21	313.89

（二）3~5 岁幼儿延迟满足延迟策略差异比较

首先，以往关于两岁儿童在礼物延迟满足情境中延迟策略使用的实证研究，把延迟策略初步划分为问题解决策略、分心策略、寻求安慰策略、寻求帮助策略、回避策略、被动等待策略（陈会昌，李苗，王莉，2002）；其次，在 Mischel 的"冷热系统理论"中，那些将儿童的注意力固定在奖励物或其唤醒特征上的"热"性质行为被认为是较低级的不利于延迟的策略，而具有"冷"性质的各种注意分心活动由于转移了儿童对奖励物唤醒特征的注意，从而促进了延迟，被认为是较高级的策略；最后，有研究已表明延迟满足是幼儿自我控制的核心成分（杨丽珠，宋辉，2003），而儿童自我控制发展的规律是由低水平的外控逐渐向高水平的内控过渡，儿童自我延迟满足的发展也遵循这一规律。依据上述理论与实证研究观点，结合对延迟满足实验录像资料中幼儿行为指向的观察，本研究将最初编码的 11 种延迟策略行为按照自我控制的指向性由低至高（由外至内）的原则划分为 4 种水平：水平Ⅰ无意义策略，包括企图按铃和消极行为策略；水平Ⅱ寻求策略，包括寻求母亲和寻求目标策略；水平Ⅲ自我分心、问题解决策略，包括回避铃、动作分散、离座和静坐策略；水平Ⅳ自我言语控制策略，包括任务自语、非任务自语和自我强化策略。同时，假设延迟策略的水平越高越有助于增加延迟时间。

3～5岁幼儿延迟满足延迟策略水平发展趋势见图5－5。对延迟策略水平年龄差异的方差分析结果显示，在水平Ⅰ无意义策略和水平Ⅳ自我言语控制策略上的年龄差异不显著，$F_{(2,115)}=0.042$，$p>0.05$；$F_{(2,115)}=2.968$，$p>0.05$。在水平Ⅱ寻求策略和水平Ⅲ自我分心、问题解决策略上的年龄差异显著，$F_{(2,115)}=8.329$，$p<0.001$；$F_{(2,115)}=8.332$，$p<0.001$。进一步多重比较（LSD）显示，水平Ⅰ无意义策略由于水平较低、适应性差，在整个幼儿期都不具有优势性，且表现出随幼儿年龄增长而下降的趋势；在水平Ⅱ寻求策略上，3岁幼儿与4岁、5岁幼儿之间差异均显著，而4岁与5岁幼儿之间差异不显著，这表明4岁是幼儿使用寻求策略发展最迅速时期；在水平Ⅲ自我分心、问题解决策略上，3岁、4岁幼儿与5岁幼儿之间差异显著，而3岁幼儿与4岁幼儿之间差异不显著，这表明5岁是幼儿使用自我分心、问题解决策略发展最迅速时期。由此可见，寻求策略的作用在幼儿4岁时开始具有明显

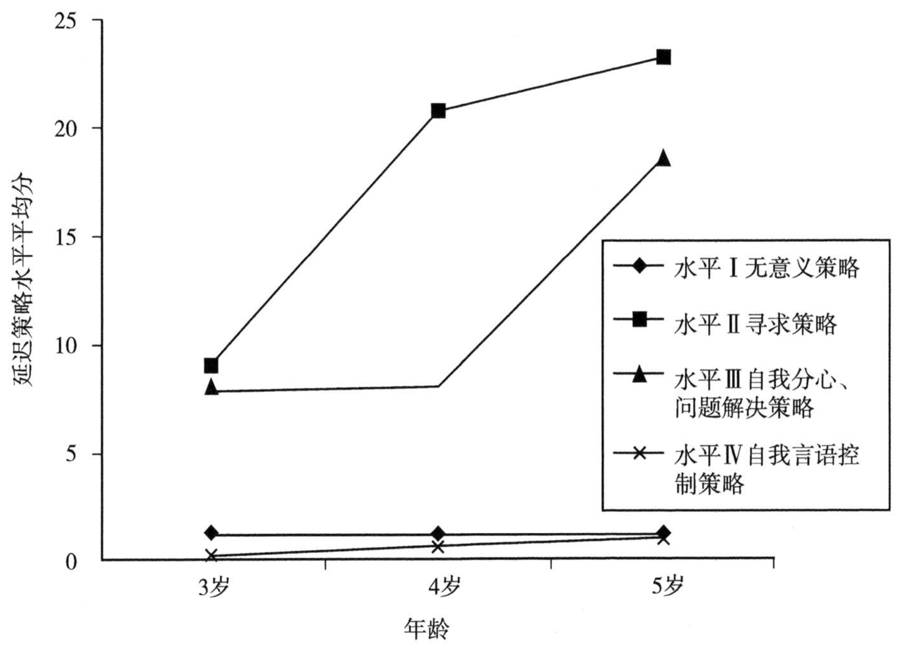

图5－5 3～5岁幼儿延迟策略水平发展趋势

优势性，且持续至5岁；自我分心、问题解决策略的作用直至幼儿5岁时才显示出明显的优势性；而自我言语控制策略虽然表现出随年龄增长而发展的趋势，但在整个幼儿期都不具有优势性。

（三）3～5岁幼儿延迟满足延迟策略对延迟时间的多元回归分析

在延迟策略与延迟时间相关分析的基础上，分别以3～5岁幼儿的延迟时间为因变量，以与之显著相关的延迟策略为预测变量，做多元逐步回归分析（stepwise），找出能够预测延迟时间长短的延迟策略，以确定出每一年龄段幼儿主要使用的延迟策略分别是什么。结果显示（见表5-2），3岁幼儿“企图按铃”“寻求母亲”“寻求目标”“动作分散”“离座”“静坐”6种与延迟时间显著相关的策略全部进入了回归方程。但是，各个策略的标准化回归系数都低，对延迟时间的预测作用都不强，延迟策略的使用还很难分出主次重要性。3岁幼儿还不太会使用延迟策略。4岁幼儿在“寻求母亲”“寻求目标”“动作分散”“静坐”“任务自语”5种与延迟时间显著相关的策略中除“任务自语”策略外，其余全部进入回归方程。与3岁幼儿相比，“寻求目标”策略的标准化回归系数显著增大，突出显示了其对延迟时间的预测作用。4岁幼儿开始主要使用水平Ⅱ寻求策略。5岁幼儿“寻求目标”“动作分散”两种与延迟时间显著相关的策略全部进入了回归方程。而且，这两种延迟策略的标准化回归系数都高，足以显示其对延迟时间的预测作用。5岁幼儿在主要使用“寻求目标”策略的同时，还开始主要使用“动作分散”这一水平Ⅲ自我分心、问题解决策略。3～5岁幼儿使用的主要延迟策略性质不同，水平不断提高，致使3～5岁幼儿在延迟时间长短上存在差异。

从录像记录延迟期间的主要行为来看，3岁幼儿是下座近距离欣赏玩具车或用手摸巧克力，行为缺乏持久性，绝大多数因禁不住奖励物的诱惑而很快违规或按铃终止了延迟；4岁幼儿是将视线不停地在延迟与即时奖励物之间转换以比较二者价值的大小，但有时可能会碰一下它们，有时会通过玩铃、玩自己的手或衣服分心，一些幼儿会依偎在母亲身边，一些幼儿会将头转向母亲问问题，行为开始具有一定的持久性；5岁幼儿是通过观察房间四周、看桌子、伏案趴桌子等小范围的外部动作分心，并能够在长时间比较两个奖励物价值的同时而不去碰它们，行为的表现大多经过思索，所以持久性相对较强。

表 5－2　3～5 岁幼儿延迟满足延迟策略对延迟时间的影响

年龄	进入回归方程的延迟策略	B	SE	β
3 岁	1. 寻求目标	15.207	0.905	0.404***
	2. 动作分散	14.978	0.734	0.417***
	3. 离座	14.825	0.902	0.201***
	4. 寻求母亲	14.915	1.018	0.232***
	5. 静坐	15.114	2.391	0.128***
	6. 企图按铃	12.701	2.930	0.109***
	（常数项）	1.567	5.120	
4 岁	1. 寻求目标	14.216	1.258	0.616***
	2. 动作分散	14.279	2.554	0.316***
	3. 寻求母亲	19.907	3.295	0.314***
	4. 静坐	14.618	4.395	0.181**
	（常数项）	78.211	25.566	
5 岁	1. 寻求目标	13.292	1.634	0.614***
	2. 动作分散	16.947	2.289	0.599***
	（常数项）	165.095	46.851	

注：＊＊表示 $p<0.01$；＊＊＊表示 $p<0.001$。

综上，通过本研究可以看出，3～5 岁幼儿延迟满足发展水平随年龄增长而迅速发展，从发展水平的量与质的特点看，存在显著差异。3 岁幼儿完成选择等待任务的人数少，使用延迟策略少，平均延迟时间短暂；4 岁幼儿主要使用寻求策略，特别是寻求目标策略开始占优势，行为开始具有一定持久性，平均延迟时间显著延长；5 岁幼儿完成选择等待任务的人数明显增多，在寻求策略继续保持优势的同时，自我分心、问题解决策略也显示出明显优势性，行为持久性相对较强，平均延迟时间更长。但是，发展水平还是有限，高水平的自我言语控制策略在整个幼儿期始终不具有显著优势性。

四、讨论

本研究结果表明，高水平的自我言语控制策略在选择性延迟满足维持过程中对3～5岁幼儿的行为抑制作用不具有显著优势性。这可能是受幼儿期言语发展特点所制约。鲁利亚研究曾发现，言语控制的来源（成人/儿童）对不同年龄段儿童的行为起着不同的调节作用：在1.5～3岁，只有成人的外部言语能够控制儿童的行为，儿童的自我言语并不奏效，且成人言语只具有控制行为的启动功能（initiating function），不具有抑制功能（inhibiting function）；在3～5岁，成人言语具有控制儿童行为启动和抑制两种功能，而儿童的自我言语只具有控制行为的启动功能，抑制功能还不完善（Vasta, Haith & Miller, 1995）。

研究还发现，3～5岁幼儿延迟满足发展水平随着年龄的增长而发展，3岁幼儿延迟策略使用少，平均延迟时间短暂；4岁幼儿以使用寻求策略为主，平均延迟时间显著延长；5岁幼儿完成选择等待任务的人数明显增多，以使用寻求策略和自我分心、问题解决策略为主，开始使用“冷”系统进行自我控制，平均延迟时间更长。从延迟时间的结果来看，这与Mischel的研究基本一致。但Mischel以中间年龄为分界点，将幼儿分成两组做延迟满足发展的年龄差异检验，结果没有得出显著性效应。他自己认为这是由其研究在被试幼儿的年龄取样分布上范围狭小所致（Mischel & Moore, 1980），并不能说明在幼儿不同阶段延迟满足表现不存在显著的年龄差异。而本研究则突破了Mischel研究在年龄组取样上的这一局限性，按幼儿年龄段即3岁、4岁、5岁分组取样，样本具有代表性，能代表该年龄段内幼儿的发展特点。我们拟从3～5岁幼儿期神经生理、注意调配与工作记忆的执行功能各方面心理发展水平的特点来理解这种发展的显著性差异。

首先，神经生理学研究发现，前额叶损伤病人对延迟折扣（delay discounting）判断表现出强烈冲动性（Facundo, Barbara & Luke, et al., 2002），表明大脑前额叶是参与抑制过程的重要生理机制（Seiki, Kyoichi & Idai, et al., 1999），而4～5岁正是大脑前额叶发展的冲刺期，儿童抑制机制得到飞速发展（Carlson & Moses，2001），这就为延迟满足在幼儿4～5岁时得到显著发展奠定了生理基础。

其次，Mischel的冷/热系统理论认为，受年龄发展因素影响，“热”系统发展得早，“冷”系统发展得晚。在人生最早的几年里，“热”系统发挥主要功能作用，在延迟满足中具有优势作用，随着年龄的增长，“冷”系统发展起来，开始在延迟满足中具有优势作用（Metcalfe & Mischel，1999）。儿童最终能否完成等待取决于两种系统的相互作用。本研究也发现，3～4岁幼儿更容易被奖励物的唤醒特征所驱动，行为不假思索，而去近距离欣赏奖励物，甚至采用几乎按铃的无意义策略；而5岁幼儿因其注意调配灵活性的明显增强，促进了“冷”系统的发展，在他们做出行为的同时能够不断思索，所以倾向于选择自我分心、问题解决策略来分散对奖励物的注意，从而大大地延长了延迟时间。

再次，依据认知心理学观点，在延迟满足过程中个体的决策或选择必然会受延迟折扣原则的影响（John，Tina & Paul，2003），冲动性强的幼儿就会在中途放弃延迟或违规。本实验发现，幼儿从4岁起就能长时间注视奖励物，并将注意视线不断转换于延迟与即时奖励物之间，这实际正是幼儿对两个奖励物价值进行比较的过程，且随着年龄增长，幼儿中途放弃延迟或违规的冲动行为逐渐减少。从来自工作记忆执行功能的研究获悉，个体决策（decision making）的冲动性与其工作记忆容量大小直接相关，工作记忆容量小者更容易在延迟折扣判断上做出冲动决定，工作记忆容量大者则反之（Carlson & Moses，2001）。有研究还表明，工作记忆加工容量正是在4～5岁幼儿期得到迅速发展（Thomas，1998），这就使幼儿能够在某段时间内根据情境变化，处理较大量的刺激信息，从而降低行为决策的冲动性，促进了延迟满足的自我控制。

此外，本研究中延迟策略对延迟时间的多元回归分析表明，进入3岁幼儿回归方程的6种延迟策略的标准化回归系数都低，延迟策略的使用对延迟时间的预测还很难分出主次重要性；对延迟策略水平的方差分析结果也表明3岁幼儿的水平Ⅱ寻求策略和水平Ⅲ自我分心、问题解决策略显著少于4岁和5岁幼儿，所以3岁幼儿还不太会使用延迟策略，平均延迟时间短暂。在4岁幼儿的回归方程中“寻求目标”策略的标准化回归系数最大，其对延迟时间的预测比其他延迟策略具有更大的相对重要性；对延迟策略水平的方差分析结果也表明，幼儿4岁时水平Ⅱ寻求策略的作用开始具有明显优势性，所以平均延迟时间得到延长。在5岁幼儿回归方程中“寻求目标”和“动作分散”两种策略的标准化回归系数大小相当且都很高，“动作分散”对延迟时间的预测开始显示出相对重要性；对延迟策略水平的方差分析结果也表明，幼儿5岁时自我分心、问题解决策略的作用开始显示出明显的优势性，所以5岁幼儿在使用寻求策略的同时，还使用了具有受内部自我调节驱动性质的自我分心、问题解决策略，这比4岁幼儿主要使用的具有受外部情境驱动控制性质的寻求策略更易于幼儿自我控制，所以平均延迟时间更长。由此可见，从量与质的两个方面可以说明，每一个年龄段内幼儿主要使用的延迟策略类型不同，不同性质的延迟策略类型可以对不同年龄段幼儿的延迟时间做出预测。

五、小结

3~5岁幼儿延迟策略行为按照由低至高的原则可划分为4种水平：水平Ⅰ无意义策略，包括企图按铃和消极行为策略；水平Ⅱ寻求策略，包括寻求母亲和寻求目标策略；水平Ⅲ自我分心、问题解决策略，包括回避铃、动作分散、离座和静坐策略；水平Ⅳ自我言语控制策略，包括任务自语、非任务自语和自我强化策略。

3~5岁幼儿延迟满足自我控制能力发展水平随着年龄的增长而发展。表现为3~5岁幼儿延迟满足平均延迟时间随年龄增长而延长；3岁幼儿完成选择等待任务的人数少，使用延迟策略少，平均延迟时间短暂；4岁幼儿主要使用寻求策略，平均延迟时间显著延长；5岁幼儿完成选择等待任务的人数明显增多，主要使用寻求策略和自我分心、问题解决策略，平均延迟时间更长；自我言语控制策略在整个幼儿期始终不具有显著优势性。

第二节　幼儿选择性延迟满足自我控制能力对学校社会交往能力发展的预测

一、研究目的

本研究的目的是采用追踪设计，选定延迟满足自我控制能力具有明显个体差异的4岁儿童作为追踪研究的对象，以单纯的选择等待实验情境为范本，通过实验室实验和情境观察相结合的方法考察儿童4岁时的延迟满足自我控制能力，5年后结合教师访谈与评定、同伴提名、儿童自评等方法综合评定儿童9岁时（学龄中期）的学校社会交往能力，探讨儿童4岁时延迟满足自我控制能力对其学龄中期学校社会交往能力的预测作用。

二、研究方法

（一）被试

样本1：来自1999年10—11月在辽宁师范大学幼儿园运用实验室观察实验测查的86名4岁幼儿，男女各半，平均年龄48.2个月，标准差为3.60个月，年龄在41～53个月（其中41～49个月有45人，50～53个月有41人）。

样本2：追踪样本，是历时5年对样本1进行追踪观察至2004年10—11月的被试样本，总共追踪到54人，男24人，女30人。平均年龄48.7个月，标准差为3.24个月，年龄在41～53个月（其中41～49个月有23人，50～53个月有31人）。至2004年，他们是平均年龄为9岁的小学三年级或四年级学生，就读于大连市的23所普通小学的36个班级中。在剩余的没有追踪到的32人中，有5人因家长拒绝参与而中途退出研究，有1人因随父母移民海外而中途退出研究，有14人因当初留下的联系方式现已发生变化，无法获得联络而未能继续参加研究，有12人因最初没有留下任何联系方式，无法获得联络而未能继续参加研究。

样本3：参加追踪研究的教师被试。来自对追踪样本在小学三年级、四年级学校社会交往能力适应状况结构访谈的教师，是追踪样本所在的23所小学的36个班级的班主任教师。

样本4：参加追踪研究的同伴被试。来自追踪样本所在的23所小学的36个班级的全体同学，共计1623人（不包括追踪样本）。

样本5：用于《小学生学校社会交往能力教师评定问卷》编制的预测过程及做探索性因素分析的样本。在大连市的4所普通小学随机选取二年级至五年级学生462人，由44名班主任教师共评定462份问卷；共回收有效问卷462份：男生239人，女生223人；二年级80人，三年级88人，四年级142人，五年级152人。

样本6：用于《小学生学校社会交往能力教师评定问卷》编制的正式施测过程及做验证性因素分析的样本。在大连市的10所普通小学随机选取二年级至六年级学生1300人，由125名班主任教师共评定1300份问卷；共回收有效问卷1290份，其中男生670人，女生620人；二年级242人，三年级297人，四年级307人，五年级315人，六年级129人。

样本7：用于检验《小学生学校社会交往能力教师评定问卷》（正式版）重测信度的样本。从样本4中随机抽取30%间隔两周后重测。被试包括4所学校382人，由其班主任教师在两周后对同一名学生重新评定。

样本8：用于检验《小学生学校社会交往能力教师评定问卷》（正式版）评分者信度和效标效度的样本。从样本4中选取一所学校的学生190人，其中男生115人，女生75人；二年级30人，三年级40人，四年级40人，五年级40人，六年级40人。向学生所在班的副班主任教师发放教师问卷，请他们对同一名学生做出评定，以计算问卷的评分者信度；向学生家长发放家长问卷，请他们对自己的孩子做出评定，以计算问卷的效标效度。

（二）研究工具与研究过程

1. 儿童4岁时延迟满足自我控制能力的测量与分组

采用Mischel延迟满足选择等待实验范式，于1999年10—11月测查了被试儿童在4岁时的延迟满足自我控制能力。实验采用2×2两因素混合设计，被试间变量为性别，被试内变量为奖励物（玩具车、巧克力），因变量为被试延迟满足的延迟时间。

实验工具：一套幼儿用的方桌和小凳子。一个直径 20 厘米长具有儿童化性质的钟表；一个门铃；奖励物有两类，其中玩具类为一辆大的电动玩具救火车（延迟奖励物）、一辆小的塑料玩具卡车（即时奖励物）；食物类为两盘巧克力，一盘装有 2 块（延迟奖励物）、一盘装有 1 块（即时奖励物）；实验前使用的两盘小薯片，一盘装有 2 片、一盘装有 1 片；物品实样见图 5 - 1 ~ 图 5 - 4。一块计时秒表，一把成人座椅，录像机及若干盘录像带。

具体实验安排在每天下午家长接幼儿的时候，由经过培训的发展心理学研究者担任主试。实验前，幼儿由家长陪伴到有单向玻璃的儿童心理实验室以适应环境，主试告诉家长："在整个实验过程中，请您不要跟孩子交谈，如果孩子到您这儿来，不要理他，最多只能告诉孩子'妈妈在忙'（填写一份问卷）。在实验过程中，我要离开一段时间，请您不要干预孩子，不要告诉孩子该干什么，不该干什么。"请家长在场的目的是消除幼儿在陌生实验室里等待时的恐惧感。然后主试培训幼儿了解桌子上门铃的用途和用法、理解自我延迟满足程序和任务。首先，主试跟幼儿说："我们玩个游戏，我到旁边的房间去工作，我把门关上，你按铃我能听见铃声，我就回来了。现在我出去到那个房间里去，你按铃，看看能不能把我叫回来。"其次，让幼儿在两盘小薯片之间选择一盘他/她想吃的，再告诉幼儿可以吃到薯片的条件是必须等待；这之后就教幼儿认识钟表（60 秒），钟表上的"12"用葡萄表示、"3"用西瓜表示、"6"用香蕉表示、"9"用樱桃表示；当表针走到葡萄/西瓜处时，既而告诉幼儿等表针从葡萄/西瓜处走到香蕉/樱桃的地方（30 秒），你就可以吃到这些小薯片。培训最多次数是 5 次，有两次呈现出对程序的正确反应，就说明被试幼儿知道按铃就可以叫回主试，并理解等待就能得到的道理，可以开始正式实验。

正式实验时，主试给被试拿来一辆玩具大救火车和一辆玩具小卡车，在地上演示玩法，之后将玩具放在桌子上，询问被试喜欢哪辆车，被试选择大救火车，主试便说："一会儿我必须到隔壁房间工作，等我工作完自己从房间里出来后你就可以玩这辆大救火车。如果你不想等，你可在任何时候按铃把我叫出来，如果你按铃把我叫出来，你就只能玩这辆小卡车。我不在时你不能玩车，如果你玩了，我回来后你也不能玩这辆大救火车。"指导语重复两遍。为确定幼儿是否理解等待与奖励物的因果关系，要向幼儿提出以下 3 个问题：①“等我工作完自己从房间里出来，你可以玩哪辆车?”②“如果你不想等了，该怎么办?”③“你按铃把我从房间里叫出来，可以玩哪辆车?”幼儿正确回答后，主试说“我走了”，到隔壁房间去，开始计时。幼儿参加实验时，家长只是坐在一个角落里回答问卷。用隐蔽的录像设备摄录实验全过程。巧克力任务与玩具车任务的实验程序完全相同，不同的是将奖励物换成巧克力。所有儿童均参加了这两个实验。

延迟时间计时：在米氏延迟满足选择等待范式中，将儿童完成等待的时间标准确定为 20 分钟或 15 分钟。参照此标准，又考虑到本研究被试幼儿年龄较小的实际情况，本研究将幼儿完成等待的时间标准定为 15 分钟。延迟时间计时方法如下：将主试转身离开房间的那一瞬间作为计时起点，延迟行为的终止可能出现以下三种情形：幼儿一直等到 15 分钟后主试自己从房间里出来，完成等待，获得延迟奖励，记 15 分钟；幼儿中途按铃终止延迟，得到即时奖励；幼儿中途因违规玩车而终止延迟。幼儿的延迟时间为计时起点和终止点间隔的时间，以秒为单位。

延迟策略编码：采取时间取样观察法，对录像记录的幼儿延迟行为编码。每隔 15 秒记录该时间段内幼儿的典型行为，幼儿表现出何种行为就在相应策略下记 1 分。根据对所有录像内容的观察分析，最终将幼儿的典型行为划分为以下 11 种延迟策略。①企图按铃：被试企图按铃，但没按响，又拿了下来；②消极行为：被试发脾气、哭或说气话等所有消极行为；③寻求母亲：所有指向母亲的活动；④寻求目标：所有与奖励物有关的活动，例如，被试靠近、注视或碰一下车，但实际上没有玩它们；⑤回避铃：被试将铃推远；⑥动作分散：被试在凳子上动来动去，看自己的手或四周，玩铃；⑦离座：被试离开座位，在房间里活动；⑧静坐：被试安静地坐在凳子上；⑨任务自语：被试自语关于等待奖励物的话题，例如，“我想让那个阿姨（主试）回来”“那个阿姨什么时候回来”；⑩非任务自语：被试自语与等待奖励物无关的话题，例如，被试自己讲故事；⑪自我强化：被试企图说服自己等待，例如，“我必须得等”“我不要按铃”。为保证研究的可靠性，对评分者如何编码进行培训，当两位评分者编码达到 90% 一致后，再对录像进行编码。

依据正态分布原理，将追踪样本4岁时的平均延迟时间按照 $M \pm 0.67SD$ 的划分标准，划分成高分组（$M+0.67SD$）、低分组（$M-0.67SD$）和中分组（中间部分），分别代表自我延迟满足能力的高、低、中三个水平。分组统计结果见表5－3。延迟满足能力是自我控制能力的核心成分，为了考察儿童4岁时延迟满足自我控制能力分组在儿童9岁时仍具有稳定性意义，选用《小学生人格发展教师评定问卷》中的“认真自控”分量表，请追踪被试所在班级的班主任教师对儿童9岁时的自我控制能力做出评定。

表5－3　《小学生学校社会交往能力教师评定问卷》验证性因素分析的拟合指数

Model	χ^2	df	χ^2/df	RMSEA	SRMR	GFI	AGFI	NFI	NNFI	CFI	IFI	RFI
修正前	2269.85	296	7.67	0.072	0.051	0.88	0.86	0.88	0.89	0.90	0.90	0.87
修正后	1252.45	206	6.08	0.063	0.048	0.92	0.90	0.91	0.91	0.92	0.92	0.90

2. 编制《小学生学校社会交往能力教师评定问卷》

本研究需要一份评价9岁儿童学校社会交往能力的工具，特自编一份《小学生学校社会交往能力教师评定问卷》。首先，通过对以往研究的理论推导和对追踪被试所在班级的班主任教师做的结构访谈记录（访谈指导语及提纲见附录B），建构小学生的学校社会交往能力的结构。其次，研究者根据访谈记录编码获得的具体行为条目，研制《小学生学校社会交往能力教师评定问卷》的初始项目，采用五级评分，请15名有关专家对问卷内容、可读性、适当性与科学性进行评定与检验，确保问卷的内容效度。再次，使用SPSS 13.0软件对问卷做项目分析与探索性因素分析，探索出遵守规则与执行任务能力、与教师交往能力、与同伴交往能力三个结构。最后，使用Lisrel 8.30软件做大样本验证性因素分析，验证教师评定的小学生学校社会交往能力结构的合理性，结果见表5－3。正式问卷的各分结构问卷及总问卷的同质性信度在0.75～0.93，分半信度在0.78～0.88，30%样本于两周后的重测信度在0.52～0.75，15%样本的评分者信度在0.75～0.84，以家长评定为效标的效标效度在0.55～0.72。（注：《小学生学校社会交往能力教师评定问卷》编制的详细过程及施测结果见附录D～G。）

3. 以《小学生学校社会交往能力教师评定问卷》对儿童9岁时学校适应的测量

为了控制不同教师对追踪被试评定标准可能不一致的问题，由两名经过培训的发展心理学研究者依据编制好的《小学生学校社会交往能力教师评定问卷》的每个项目，逐一对照追踪被试所在班主任教师的结构访谈记录对该追踪被试9岁时的学校社会交往能力做出评定，并计算出二者的评分者信度在0.93~0.98；再依据其中一个评分者的评定，计算出各个结构的分问卷及总问卷的同质性信度在0.78~0.94，分半信度在0.76~0.91。为了确保基于教师结构访谈评定的有效性，又用同样方法也基于家长结构访谈（访谈提纲见附录C）对追踪被试9岁时的学校社会交往能力做出评定，计算出效标效度在0.63~0.79，详细结果见附录H。

4. 儿童9岁时同伴接纳水平的测量

同伴交往指同学之间的交往。因此，本研究采用班级同伴限定提名法测量追踪被试的同伴接纳水平。让追踪被试所在班全体同学在自己班范围内，对最喜欢的、最喜欢一起玩的、最喜欢一起学习的、最不喜欢的、最不喜欢一起玩的、最不喜欢一起学习的同学都各列三人的名字（指导语见附录I）。经累加得到儿童在班级同伴中的正提名（P）和负提名（N）次数，以班级为单位标准化，转化为Z分数。标准化的正提名分数是同伴接受的指标；标准化的负提名分数是同伴拒绝的指标，二者是同伴接纳的两个方面。Coie & Dodge（1994）提出了儿童同伴接纳的分类标准模型。该模型将同伴提名的结果按照两个维度进行划分：社会喜好（Social Preference，SP）和社会影响（Social Impact，SI）。其中，社会喜好分数=正标准提名分数－负提名标准分数；社会影响分数=正提名标准分数+负提名标准分数。社会喜好反映了一个儿童被同伴喜欢的程度；社会影响反映了一个儿童在同伴中所具有的影响力。

5. 儿童9岁时社交焦虑和孤独感的测量

由于儿童在学校中的社交情绪表现多是内隐的，不易被他人体察。因此，借鉴以往研究，本研究以儿童自评的社交焦虑和孤独感作为评价儿童学校社交情绪的指标。使用经国内研究者修订后的、适合小学生使用的《儿童社交焦虑量表》和《儿童孤独量表》。《儿童社交焦虑量表》共有 10 个项目，三级评分，包含害怕否定评价、社交回避及苦恼两大因子，见附录 J。修订后的 Cronbach's α 系数值为 0.76，两周重测信度为 0.67；与修订的儿童外显焦虑量表的相容效度也较高（马弘，1999）。《儿童孤独量表》，专用于评定 3～6 年级儿童的孤独感与社会不满程度，共有 24 个项目，五级评分。其中有 16 个项目是评定孤独感、社会适应与不适应感以及对自己在同伴中的地位的主观评价，10 个项目指向孤独，6 个项目指向非孤独（反向记分）；剩余 8 个项目是关于个人爱好的辅助性插入题，目的是使被试回答其他问题时态度能更坦诚和更放松，见附录 K。修订后的 Cronbach's α 系数值为 0.90；聚合效度和区分效度也均可接受（刘平，1999）。

正式施测时，研究者下到追踪被试的所在班级，将被试儿童叫出来对其单独施测。为了避免儿童对问题有不理解和遗漏回答的现象，由研究者按照《儿童社交焦虑量表》和《儿童孤独量表》的指导语进行说明，并逐题朗读，请被试儿童逐题在卷面作答。《儿童社交焦虑量表》和《儿童孤独量表》施测的先后顺序对不同儿童随机进行。

三、结果与分析

（一）儿童 4 岁时的延迟满足自我控制能力的表现

1. 儿童 4 岁时的延迟满足自我控制能力分组

在发展心理学研究中，有时需要考察一个自变量对远期因变量的预测效应，为此研究者可以采用追踪研究的设计。但是由于追踪研究一贯局限在于研究周期长、被试易流失，容易出现追踪前后的样本偏差问题，从而会影响研究结论的代表性。因此，为了尽量克服和降低这种样本偏差问题对研究结论的消极影响，本研究首先考察当前追踪被试样本（样本 2）对样本总体（样本 1）的代表性问题，以保证研究结论的外推效度。分别在不同奖励物条件、不同性别分组及总体不分组的情况下，对追踪样本与样本总体之间的延迟满足平均延迟时间做平均数的显著性检验（Z 检验）。结果显示，在各种分组情况下两者差异均不显著，追踪样本的延迟满足自我控制能力水平可以代表样本总体的水平，见表5－4。

表5－4　追踪样本与样本总体的延迟满足平均延迟时间差异比较

奖励物	性别	样本总体	M（s）	SD（s）	追踪样本	M（s）	SD（s）	Z
玩具车	男	43	409.95	350.35	24	380.67	317.68	－0.409
	女	43	502.28	355.63	30	472.77	343.28	－0.455
	总体	86	456.12	353.98	54	431.83	332.28	－0.504
巧克力	男	43	390.02	350.50	24	387.08	359.46	－0.041
	女	43	424.86	329.82	30	388.77	327.90	－0.599
	总体	86	407.44	338.76	54	388.02	338.97	－0.421

以奖励物为被试内变量，以性别为被试间变量，以延迟时间为因变量，分别对追踪样本与样本总体做2×2重复测量方差分析。结果显示，被试内的奖励物主效应都不显著，$F_{(1,84)}=1.658$，$F_{(1,52)}=0.583$；被试间的性别主效应都不显著，$F_{(1,84)}=0.971$，$F_{(1,52)}=0.37$；奖励物与性别的交互作用也都不显著，$F_{(1,84)}=0.578$，$F_{(1,52)}=0.791$；$p>0.05$。这表明对于不同性别的幼儿来说，两种奖励物对延迟满足的影响差异不显著。于是，将幼儿在两种奖励物条件下的延迟满足时间合并，求出二者的平均延迟时间以表示这个幼儿的延迟满足自我控制能力水平，并按研究过程中所述的方法，分出高、中、低三组。为说明分组的科学性和合理性，分别对追踪样本和样本总体高、中、低分组儿童之间的延迟满足自我控制能力做差异检验。结果显示差异显著，$F_{(2,83)\text{样本总体}}=365.865$，$F_{(2,51)\text{追踪样本}}=224.95$，$p<0.01$；高、中、低三组之间的进一步多重比较（LSD）结果也差异显著，$p<0.01$。最后再对高、中、低分组后的追踪样本与样本总体之间的延迟满足平均延迟时间做平均数的显著性检验（Z检验）。结果显示，在三组中两者差异均不显著，$p>0.05$；高、中、低分组后的追踪样本可以代表样本总体中的分组水平，见表5－5。

表5－5　追踪样本与样本总体的延迟满足自我控制能力高、中、低分组平均延迟时间差异比较

分组	样本总体	M (s)	SD (s)	追踪样本	M (s)	SD (s)	Z
高分组	23	836.72	93.09	11	850.64	102.17	0.496
中分组	38	416.45	114.00	27	417.30	99.03	0.039
低分组	25	82.54	65.58	16	94.50	65.03	0.730
总　体	86	431.78	299.10	54	409.93	279.91	－0.537

为了考察儿童4岁时延迟满足自我控制能力分组在儿童9岁时仍具有稳定性意义，以延迟满足自我控制能力分组（高、中、低三个水平）作为自变量，以班主任教师评定的儿童9岁时自我控制能力作为因变量，做单因素方差分析（One－Way ANOVA）。结果显示三组被试差异显著，$F_{(2,51)} = 9.754$，$p < 0.01$；进一步多重比较（LSD）结果显示，高、低分组之间差异非常显著，$p < 0.01$；高与中、中与低分组之间差异比较显著，$p < 0.05$；4岁时延迟满足自我控制能力越高的儿童在9岁时自我控制能力也越高，4岁时延迟满足自我控制能力越低的儿童在9岁时自我控制能力也越低。

2. 延迟满足自我控制能力高、中、低分组儿童使用延迟策略的差异

对儿童在两次延迟满足实验中使用的延迟策略分别编码，将两次实验的同一种延迟策略得分合并求出该策略的平均分，作为儿童延迟策略的得分。然后再分别以延迟满足自我控制能力分组（高、中、低三个水平）作为自变量，以儿童每种延迟策略得分作为因变量，做单因素多元方差分析（MANOVA），见表5－6。结果显示，在“寻求母亲”“寻求目标”“动作分散”“静坐”“非任务自语”上，自我延迟满足能力高、中、低分组儿童差异均显著，$F(2, 51) = 5.977$，$F(2, 51) = 51.867$，$F(2, 51) = 30.987$，$F(2, 51) = 23.575$，$F(2, 51) = 5.777$；$p < 0.01$。进一步的多重比较（LSD）显示，在“寻求母亲”上，高、低分组之间差异非常显著，$p < 0.01$；高、中分组之间差异比较显著，$p < 0.05$；但中、低分组之间差异不显著，$p > 0.05$。在“寻求目标”和“动作分散”上，高、中、低分三组相互之间差异均非常显著，$p < 0.01$。在“静坐”和“非任务自语”上，高与中、高与低分组之间差异非常显著，$p < 0.01$；但中、低分组之间差异不显著，$p >$

0.05。这表明，延迟满足自我控制能力高的儿童使用延迟策略明显增多，特别是他们能够灵活使用具有调配注意、有目的的分心性质的策略，例如“寻求母亲”“寻求目标”“动作分散”“静坐”“非任务自语”等策略，这充分体现出他们对注意与认知控制能力的灵活性和计划性。

表 5-6　延迟满足自我控制能力高、中、低分组追踪被试延迟策略的描述统计与差异检验

策略	延迟满足自我控制能力分组（*n*）	*M*	*SD*	$F_{(2,51)}$
企图按铃	高分组（11）	1.00	2.086	2.469
	中分组（27）	1.65	1.150	
	低分组（16）	0.72	1.154	
消极行为	高分组（11）	0.05	0.151	0.734
	中分组（27）	0.02	0.096	
	低分组（16）	0.00	0.000	
寻求母亲	高分组（11）	6.00	8.393	5.977**
	中分组（27）	2.87	2.247	
	低分组（16）	0.50	0.658	
寻求目标	高分组（11）	28.91	10.377	51.867**
	中分组（27）	15.98	5.970	
	低分组（16）	6.00	8.393	
回避铃	高分组（11）	0.18	0.462	1.206
	中分组（27）	0.09	0.311	
	低分组（16）	0.00	0.000	
动作分散	高分组（11）	12.45	6.354	30.987**
	中分组（27）	4.65	3.818	
	低分组（16）	0.38	0.563	
离座	高分组（11）	2.05	3.567	1.760
	中分组（27）	1.17	2.707	
	低分组（16）	0.22	0.605	

续表

策略	延迟满足自我控制能力分组（n）	M	SD	$F_{(2,51)}$
静 坐	高分组（11）	3.45	2.902	23.575**
	中分组（27）	0.41	0.747	
	低分组（16）	0.00	0.000	
任务自语	高分组（11）	0.05	0.151	0.177
	中分组（27）	0.09	0.242	
	低分组（16）	0.09	0.272	
非任务自语	高分组（11）	2.55	4.003	5.777**
	中分组（27）	0.33	0.665	
	低分组（16）	0.41	0.935	

注：＊＊表示 $p<0.01$。“自我强化”行为在本研究中未出现，故未列于表中。

（二）4岁时延迟满足自我控制能力对儿童9岁时学校社会交往能力的预测

1. 以《小学生学校社会交往能力教师评定问卷》评定儿童9岁时学校社会交往能力的差异

分别以延迟满足自我控制能力分组（高、中、低三个水平）作为自变量，以追踪被试学校社会交往能力各个特质结构及总分作为因变量，做单因素多元方差分析（MANOVA）。在学校社会交往能力各个特质结构以及总分上，三组被试差异均显著，$p<0.01$，结果见表5－7。进一步的多重比较（LSD）显示，在遵守规则与执行任务能力上，高、中、低分三组相互之间差异均非常显著，$p<0.01$。在与教师交往能力上，高与中、中与低分组之间差异都非常显著，$p<0.01$；但高、中分组之间差异不显著，$p>0.05$。在与同伴交往能力上，高、低分组之间差异非常显著，$p<0.01$；中、低分组之间差异显著，$p<0.05$；但高、中分组之间差异不显著，$p>0.05$。在学校社会交往能力总分上，高与低、中与低分组之间差异都非常显著，$p<0.01$；但高、中分组之间差异不显著，$p>0.05$。这表明，总体上4岁时延迟满足自我控制能力对基于教师评定的儿童9岁时的学校社会交往能力有预期作用，但这种预期作用主要表现在4岁时延迟满足自我控制能力高分组与低分组，以及中分组与低分组儿童之间，而在高分组与中分组儿童之间不明显。

表5-7　延迟满足自我控制能力高、中、低分组追踪被试学校社会交往能力的描述统计与差异检验

	延迟满足自我控制能力分组（n）	M	SD	$F_{(2,51)}$
遵守规则与执行任务能力	高分组（11）	57.73	3.259	
	中分组（27）	49.41	8.135	12.987**
	低分组（16）	37.44	15.929	
与教师交往能力	高分组（11）	27.45	7.005	
	中分组（27）	26.15	5.340	6.026**
	低分组（16）	20.06	7.371	
与同伴交往能力	高分组（11）	14.27	1.421	
	中分组（27）	12.81	2.403	6.399**
	低分组（16）	10.50	3.933	
问卷总分	高分组（11）	99.45	8.779	
	中分组（27）	88.37	12.549	14.267**
	低分组（16）	68.00	23.152	

注：**表示 $p<0.01$。

2. 儿童9岁时同伴接纳水平的差异

分别以延迟满足自我控制能力分组（高、中、低三个水平）作为自变量，正提名标准分数、负提名标准分数、社会喜好分数以及社会影响标准分数作为因变量，做单因素多元方差分析（MANOVA）。在负提名标准分数、社会喜好分数上，三组被试差异显著，$p<0.05$，结果见表5-8。进一步的多重比较（LSD）显示，在负提名标准分数和社会喜好分数上，都表现出高与低、中与低分组之间差异显著，$p<0.05$；而高、中分组之间差异不显著，$p>0.05$。在正提名标准分数和社会影响分数上，三组被试相互间都不存在显著差异，$p>0.05$。这表明，4岁时延迟满足自我控制能力对儿童9岁时的同伴接纳水平有部分的预期作用。表现为，4 岁时延迟满足自我控制能力高和中等的儿童在 9 岁时的同伴负提名都显著低于 4 岁时延迟满足自我控制能力低的儿童，二者在 9 岁时被同伴喜欢的程度（即社会喜好）都显著高于 4 岁时延迟满足自我控制能力低的儿童。

表 5－8　延迟满足自我控制能力高、中、低分组追踪被试同伴接纳水平描述统计与差异检验

	延迟满足自我控制能力分组（n）	M	SD	$F_{(2,51)}$
正提名标准分数	高分组（11）	0.37	0.645	1.445
	中分组（27）	0.56	1.335	
	低分组（16）	−0.01	0.717	
负提名标准分数	高分组（11）	−0.42	0.221	3.191*
	中分组（27）	−0.29	0.423	
	低分组（16）	0.27	1.360	
社会喜好分数	高分组（11）	0.50	0.343	3.987*
	中分组（27）	0.52	0.868	
	低分组（16）	−0.24	1.154	
社会影响分数	高分组（11）	−0.22	0.377	0.932
	中分组（27）	0.20	0.948	
	低分组（16）	0.24	1.177	

注：* 表示 $p<0.05$。

在本研究中，研究者分别依据教师访谈描述的评定、家长访谈描述的评定和同伴提名三个评价，对被试在 9 岁时的同伴交往能力进行了评定。对在三个评价上的同伴交往水平分数做 Person 相关分析，除同伴提名中的社会影响分数外，三者之间相关均显著，结果见表 5－9。这表明，本研究对追踪被试在 9 岁时同伴交往能力从教师、家长、同伴三个评价来源上均达到了稳定的三角互证。几种研究方法所得结论能够相互佐证，进一步说明所追踪的被试同伴交往能力的研究结果是可靠有效的。

表 5－9　追踪被试在三个评价来源上同伴交往水平分数的 Person 相关分析

		同伴提名			
		正提名标准分数	负提名标准分数	社会喜好分数	社会影响分数
家长评定	0.629**	0.308*	－0.318*	0.378*	0.044
教师评定	—	0.389**	－0.582**	0.605**	－0.178

注：*表示 $p<0.05$；**表示 $p<0.01$。

3. 儿童 9 岁时社交焦虑和孤独感的差异

分别以延迟满足自我控制能力分组（高、中、低三个水平）作为自变量，以害怕否定评价、社交回避及苦恼、社交焦虑总分、孤独、非孤独（反向）、孤独感总分作为因变量，做单因素多元方差分析（MANOVA）。在害怕否定评价、社交焦虑总分、非孤独（反向）、孤独感总分上，三组被试差异显著，结果见表 5－10。进一步的多重比较（LSD）显示，在害怕否定评价、社交焦虑总分、非孤独（反向）上，都表现出高、低分组之间差异非常显著，$p<0.01$；高、中分组之间差异显著，$p<0.05$；但中、低分组之间差异不显著，$p>0.05$。在孤独与孤独感总分上，都表现出高、低分组之间差异显著，$p<0.05$；而高与中、中与低分组之间差异都不显著，$p>0.05$。这表明，4 岁延迟满足自我控制能力对儿童 9 岁时的社交焦虑和孤独感等社交情绪表现有部分的预期作用。表现为，总体上 4 岁时延迟满足自我控制能力低与中的儿童在 9 岁时的社交焦虑体验显著高于延迟满足自我控制能力高的儿童，这突出地体现在害怕否定评价上；总体上 4 岁时延迟满足自我控制能力低的儿童在 9 岁时的孤独感体验显著高于延迟满足自我控制能力高的儿童。

表 5－10　延迟满足自我控制能力高、中、低分组追踪被试社交焦虑及孤独感的描述统计与差异检验

	延迟满足自我控制能力分组（n）	M	SD	$F_{(2,51)}$
害怕否定评价	高分组（11）	1.27	1.009	7.034**
	中分组（27）	3.26	2.229	
	低分组（16）	4.44	2.555	

续表

	延迟满足自我控制能力分组（n）	M	SD	$F_{(2,51)}$
社交回避及苦恼	高分组（11）	1.36	1.206	
	中分组（27）	1.81	1.665	0.394
	低分组（16）	1.94	2.048	
社交焦虑总分	高分组（11）	2.64	2.063	
	中分组（27）	5.07	3.025	4.895*
	低分组（16）	6.38	3.631	
孤独	高分组（11）	13.09	5.224	
	中分组（27）	14.07	4.755	2.624
	低分组（16）	17.25	5.905	
非孤独（反向）	高分组（11）	8.91	3.646	
	中分组（27）	12.48	3.887	3.661*
	低分组（16）	13.13	5.097	
孤独感总分	高分组（11）	22.00	8.379	
	中分组（27）	26.56	7.303	3.201*
	低分组（16）	30.38	10.236	

注：*表示 $p<0.05$；**表示 $p<0.01$。

四、讨论

（一）4岁时延迟满足自我控制能力对儿童9岁时学校社会交往能力的预测

本研究首先考察了儿童4岁时延迟满足自我控制能力的差异，5年后又考察了儿童9岁时四种学校社会交往能力的差异。结果表明，4岁时延迟满足自我控制能力高的儿童，在9岁时遵守规则与执行任务能力、与教师交往能力、与同伴交往能力、社交情绪发展也好，反之则差。具体表现如下。

第一，根据4岁时延迟满足自我控制能力高低，可以对基于教师描述的儿童9岁时的遵守规则与执行任务能力做出预测。早期延迟满足自我控制能力越高，越有利于儿童在学校遵守规则与执行任务能力的发展，反之则差。那些4岁时延迟满足自我控制能力高的儿童，5年后课堂听讲时注意力集中，遵守各项课堂纪律，积极动脑思考，发言踊跃，在小组讨论中表现突出，回答问题语言流畅，表达准确；独立思考，按时完成课上与课下作业，书写规范，完成质量高；对学校的各项卫生与安全规则都能自觉遵守，不需要教师的特别监督。而那些4岁时延迟满足自我控制能力低的儿童，5年后课堂注意力不集中，东张西望爱“溜号”，不认真倾听或听不懂教师提出的任务与要求，课堂讲话现象严重，发言不踊跃，有时回答问题不准确或回答不上来教师的提问；作业的完成经常需要教师或家长的提醒与监督，否则不能按时完成作业，作业完成质量也较差；对学校的各项卫生与安全规则不能自觉遵守，经常需要教师的监督才能做到；除此之外，这些儿童，难以控制自身的行为，有时会做出教师或家长难以预料的破坏性事件。

第二，根据4岁时延迟满足自我控制能力高低，可以对基于教师描述的儿童9岁时与教师交往能力做出预测。早期延迟满足自我控制能力越低，越不利于儿童与教师的和谐交往。4岁时延迟满足自我控制能力低的儿童在9岁时从不主动与教师亲近接触、帮助教师做事情；甚至表现出抵触的态度，与教师顶撞，其自我控制能力差，经常违反纪律，不接受批评，漠视教师对他的关心，师生关系较差。相反，4岁时延迟满足自我控制能力较好的儿童在9岁时与教师相处得都很融洽，他们愿意与教师亲近接触，主动帮教师做力所能及的事情，遇事能与教师商量，其自我控制能力较强，各方面表现都较为优秀，经常受到教师的积极评价，他们对教师态度就更积极，师生关系融洽。有研究表明，师生关系融洽与否是影响儿童学校适应的重要因素（Hamre & Pianta，2001；Carolle & Claire，1994）。

第三，根据4岁时延迟满足自我控制能力高低，既可以对基于教师描述的儿童9岁时与同伴交往能力做出预测，也可以部分地对同伴提名的同伴接纳做出预测。早期延迟满足自我控制能力越低的儿童，同伴交往能力越差，越容易遭到同伴拒绝；而早期延迟满足自我控制能力表现较好的儿童，比较容易受到同伴的喜爱。这与Olson（1989）的纵向研究结果基本一致。也进一步说明延迟满足自我控制能力作为一种社会性自我调节行为，如果在个体早期缺乏，就可能会导致日后出现不正常的同伴关系。

第四，根据4岁时延迟满足自我控制能力高低，可以对儿童9岁时自我报告的社交焦虑和孤独感体验做出预测。早期延迟满足自我控制能力低的儿童，其在学校的社交焦虑和孤独感体验越强烈。以往研究认为，学习困难、同伴关系不良、家庭功能是儿童产生社交焦虑和孤独体验的影响因素（Rotenberg，Macdonald & King，2002；辛自强，池丽萍，2003；刘在花，许燕，2003）。而本研究进一步说明，导致儿童情绪适应不良的因素不仅取决于儿童的学习能力和社会性因素，还可能与儿童早期延迟满足自我控制能力较差，不能有效行使对情绪自我调节的行为控制作用有关。

（二）实现预测作用的心理解析

为什么4岁时延迟满足自我控制能力对儿童9岁时学校社会交往能力具有预测作用，可从选择性延迟满足行为的心理本质解析。根据“无奖赏挫折”理论，在选择性延迟满足情境中，面对奖励物的存在而不能马上得到奖励物，个体会体验到强烈的挫折感（Mischel & Ebbesen，1970）。为了应对这种挫折压力，在本研究中的那些延迟满足自我控制能力高的儿童在等待过程中，不是长时间集中于等待的对象，而是采用各种巧妙而有效的延迟策略，从而使他们在继续有目的地等待时不感到厌倦，从而愿意为了延迟满足而等待较长的时间。而那些延迟满足自我控制能力低的儿童等待时间十分短暂，只有90秒左右，不能有效地应对延迟满足的挫折。

根据Mischel的认知情感人格系统理论，要想真实地了解一个人的人格，并做出准确的发展性预测，必须将其行为放在特定的情境中分析，在那些能力要求较高，对个体产生了压力，并激活了个体具有内在倾向性的处理策略的情境中，个体的行为表现更能够反映人格的差异（Mischel，1999），而这种人格差异产生的行为可以影响社会环境，影响个体对随后面临的人际情境的选择（Mischel & Shoda，1998；Mischel & Shoda，1995）。Mischel等的追踪研究也发现，这些在学前期延迟满足中反映出的自我控制能力也同样会反映在儿童青春期后的认知灵活性、计划性、有效地追求目标和应对挫折与压力的适应性方面（Mischel，Shoda & Peak，1988；Shoda，Mischel & Peake，

1990；Ayduk，Denton & Mischel，2000）。在 Perry 和 Weinstein 提出的儿童学校适应功能理论中，则将延迟满足看作具有衡量学校适应的行为功能的重要指标，其作用是对注意与情绪做自我调节、控制对规则的遵守的行为，保障学校适应的学业功能（学业成就、学习动机等）和社会功能（同伴交往、成人交往等）的实现（Perry & Weinstein，1998）。可见，儿童在 4 岁时选择性延迟满足情境中的行为差异本质上是行为自我控制能力人格差异的反映，它与儿童 9 岁时表现出的自我控制能力差异具有相同的心理机制，其远期作用可反映在对学校适应过程中调节与控制各种社会交往行为的预测上。

本研究发现，儿童 4 岁时延迟满足自我控制能力的高低具有显著差异，而且这种能力在儿童 9 岁时仍具有稳定性意义，4 岁时延迟满足自我控制能力越高的儿童在 9 岁时自我控制能力也越高，4 岁时延迟满足自我控制能力越低的儿童在 9 岁时自我控制能力也越低。于是，在幼儿期选择性延迟满足中反映出的控制能力差异在儿童 9 岁时仍可显著地表现出来，并且具有可预期 9 岁时遵守规则与执行任务能力、与教师交往能力、与同伴交往能力、社交情绪四种学校社会交往能力表现差异的作用。

此外，本追踪研究也对一些可能影响研究结果的无关变量进行了控制，使其在个体间相对平衡。例如，参加研究的被试儿童从 4 岁到 9 岁都是生活在大连市这个社会文化环境内，从他们的智力水平到接受的幼儿园教育和学校教育的自然水平大致相当；而且经追踪访谈发现，他们的家庭内部环境在纵向上也没有发生大的变化，一些家庭生活环境变化明显的（如父母离异、移民国外的）被试已经被排除在本研究之外。应该说 4 岁时延迟满足自我控制能力对儿童 9 岁时学校社会交往能力的预期作用是一种在儿童外在生活环境相对稳定条件下的相对预期。

综上分析，延迟满足自我控制能力作为个体人格结构的一种变量，当与其环境相互作用后，便具有了社会适应的功能。它在个体早期发展水平的高低，可对个体后期的社会交往能力发展具有潜在的预期性。从这个意义上说，个体是否具有较高的延迟满足自我控制能力也是个体是否适应社会的重要标志之一。但是我们也应看到，这种预期作用并不是绝对的，而只能是相对的。因为，一方面延迟满足自我控制能力作为人格变量在幼儿期依然会发展变化；

另一方面也受社会文化等环境因素的影响，这种人格特征的发展变化在不同文化背景中生活的儿童也会有差异。

五、小结

延迟满足自我控制能力高的儿童使用延迟策略明显增多，特别是他们能够灵活使用具有调配注意、有目的的分心性质的策略，例如，“寻求母亲”“寻求目标”“动作分散”“静坐”“非任务自语”等，这充分体现出他们对注意与认知控制能力的灵活性和计划性。

根据 4 岁时延迟满足自我控制能力高低，可以对基于教师描述的儿童 9 岁时的遵守规则与执行任务能力做出预测。早期延迟满足自我控制能力越高，越有利于儿童在学校遵守规则与执行任务能力的发展，反之则差。

根据 4 岁时延迟满足自我控制能力高低，可以对基于教师描述的儿童 9 岁时与教师交往能力做出预测。早期延迟满足自我控制能力越低，越不利于儿童与教师的和谐交往。

根据 4 岁时延迟满足自我控制能力高低，既可以对基于教师描述的儿童 9 岁时与同伴交往能力做出预测，也可以部分地对同伴提名的同伴接纳做出预期。早期延迟满足自我控制能力越低的儿童，同伴交往能力越差，越容易遭到同伴拒绝；而早期延迟满足自我控制能力表现较好的儿童，比较容易受到同伴的喜爱。

根据 4 岁时延迟满足自我控制能力高低，可以对儿童 9 岁时自我报告的社交焦虑和孤独感体验做出预测。早期延迟满足自我控制能力低的儿童，其在学校的社交焦虑和孤独感体验越强烈。

第三节　幼儿选择性延迟满足自我控制能力发展的跨文化差异

一、研究目的

本研究的目的是深入探索社会文化因素对幼儿延迟满足自我控制能力发展的影响，将依据 Mischel 延迟满足的选择等待实验范式，将实验室实验与情景观察有机结合，观察并分析幼儿延迟满足维持过程中的自发行为表现。采用跨文化比较的方法，对中国和澳大利亚3.5～4.5岁幼儿的延迟满足自我控制能力的发展状况进行比较，以揭示不同社会文化背景下的幼儿在延迟维持行为表现上的差异性与共性，并试图从分析两国社会文化价值观和教育差异的角度，解释影响儿童延迟满足自我控制能力发展的深层原因。

二、研究方法

（一）被试

在中国大连市两所普通幼儿园随机抽取86名3.5～4.5岁头生幼儿，男女各半，平均年龄48.2个月，标准差为3.599个月；在澳大利亚昆士兰州布里斯班市普通幼儿园随机选取36名3.5～4.5岁头生幼儿，男21人，女15人，平均年龄50个月，标准差为4.55个月。对两国幼儿年龄的同质性差异检验不显著，$F_{(35,85)}=1.598$，$p>0.05$。

（二）实验工具与材料

一套幼儿用的方桌和小凳子；一个直径长20cm具有儿童化性质的钟表；一个门铃；一辆大的电动玩具救火车（延迟奖励物）、一辆小的塑料玩具卡车（即时奖励物）；实验前使用的两盘小薯片，一盘装有2片、一盘装有1片。一块计时秒表，一把成人座椅，录像机及若干盘录像带。

（三）实验设计与程序

采用单因素完全随机实验设计，自变量为国别。具体实验安排在每天下午家长接幼儿的时候，由经过培训的发展心理学研究者担任主试。澳大利亚幼儿自我延迟满足实验由澳大利亚研究合作者实施。前期研究的预备实验发现，玩具车任务在中澳两国幼儿中都很受欢迎，幼儿都对电动救火车表示喜欢；而在食物奖励物中，中国幼儿更喜欢吃巧克力，而澳大利亚幼儿更喜欢吃棉花糖。考虑到奖励物的使用要符合文化等值性的原则，在本研究中奖励刺激物只使用玩具车。

实验前，幼儿由家长陪伴到有单向玻璃的儿童心理实验室以适应环境，主试告诉家长："在整个实验过程中，请您不要跟孩子交谈，如果孩子到您这儿来，不要理他，最多只能告诉孩子'妈妈在忙'（填写一份问卷）。在实验过程中，我要离开一段时间，请您不要干预孩子，不要告诉孩子该干什么，不该干什么。”请家长在场的目的是消除幼儿在陌生实验室里等待时的恐惧感。然后主试培训幼儿了解桌子上门铃的用途和用法、理解自我延迟满足程序和任务。首先，主试跟幼儿说：“我们玩个游戏，我到旁边的房间去工作，我把门关上，你按铃我能听见铃声，我就回来了。现在我出去到那个房间里去，你按铃，看看能不能把我叫回来。”其次，让幼儿在两盘小薯片之间选择一盘他/她想吃的，再告诉幼儿可以吃到薯片的条件是必须等待；这之后就教幼儿认识钟表（60 秒），钟表上的“12”用葡萄表示、“3”用西瓜表示、“6”用香蕉表示、“9”用樱桃表示；当表针走到葡萄/西瓜处时，既而告诉幼儿等表针从葡萄/西瓜处走到香蕉/樱桃的地方（30 秒），你就可以吃到这些小薯片。培训最多次数是 5 次，有两次呈现出对程序的正确反应，就说明被试幼儿知道按铃就可以叫回主试，并理解等待就能得到的道理，可以开始正式实验。

正式实验时，主试给被试拿来一辆玩具大救火车和一辆玩具小卡车，在地上演示玩法，之后将玩具放在桌子上，询问被试喜欢哪辆车，被试选择大救火车，主试便说：“一会儿我必须到隔壁房间工作，等我工作完自己从房间里出来后你就可以玩这辆大救火车。如果你不想等，你可在任何时候按铃把我叫出来，如果你按铃把我叫出来，你就只能玩这辆小卡车。我不在时你不能玩车，如果你玩了，我回来后你也不能玩这辆大救火车。”指导语重复两遍。为确定幼儿是否理解等待与奖励物的因果关系，要向幼儿提出以下 3 个问题：①“等我工作完自己从房间里出来，你可以玩哪辆车?”②“如果你不想等了，该怎么办?”③“你按铃把我从房间里叫出来，可以玩哪辆车?”幼儿正确回答后，主试说“我走了”，到隔壁房间去，开始计时。幼儿参加实验时，家长只是坐在一个角落里填写问卷。用隐蔽的录像设备摄录实验全过程。

（四）计时与编码

延迟时间计时：与前述研究一致，将主试转身离开房间的那一瞬间作为计时起点，延迟行为的终止可能出现以下三种情形：幼儿一直等到 15 分钟主试自己从房间里出来，完成等待，获得延迟奖励物，记 15 分钟；幼儿中途按铃终止延迟，得到即时奖励物；幼儿中途因违规玩车而终止延迟。幼儿的延迟时间为计时起点和终止点间隔的时间，以秒为单位。

延迟策略编码：与前述研究一致，采取时间取样观察法，对录像记录的幼儿延迟行为编码。每隔 15 秒记录该时间段内幼儿的典型行为，幼儿表现出何种行为就在相应策略下记 1 分。根据对所有录像内容的观察分析，最终将幼儿的典型行为划分为如下 11 种延迟策略。①企图按铃：被试企图按铃，但没按响，又拿了下来；②消极行为：被试发脾气、哭或说气话等所有消极行为；③寻求母亲：所有指向母亲的活动；④寻求目标：所有与奖励物有关的活动，例如，被试靠近、注视或碰一下车，但实际上没有玩它们；⑤回避铃：被试将铃推远；⑥动作分散：被试在凳子上动来动去，看自己的手或四周，玩铃；⑦离座：被试离开座位，在房间里活动；⑧静坐：被试安静地坐在凳子上；⑨任务自语：被试自语关于等待奖励物的话题，例如，“我想让那个阿姨（主试）回来”“那个阿姨什么时候回来”；⑩非任务自语：被试自语与等待奖励物无关的话题，例如，被试自己讲故事；⑪自我强化：被试企图说服自己等待，例如，“我必须得等”“我不要按铃”。为保证研究的可靠性，对评分者如何编码进行培训，当两位评分者编码达到 90% 一致后，再对录像进行编码。

延迟策略水平的划分：依据前述研究结果，本研究也将最初编码的 11 种延迟策略行为按照由低至高的原则划分为 4 种水平。水平Ⅰ无意义策略，包括企图按铃和消极行为策略；水平Ⅱ寻求策略，包括寻求母亲和寻求目标策略；水平Ⅲ自我分心、问题解决策略，包括回避铃、动作分散、离座和静坐策略；水平Ⅳ自我言语控制策略，包括任务自语、非任务自语和自我强化策略。延迟策略的水平越高越有助于增加延迟时间。

三、结果与分析

（一）中国与澳大利亚 3.5 ~4.5 岁幼儿延迟满足延迟时间差异比较

对中国与澳大利亚 3.5 ~4.5 岁幼儿延迟时间（$M_{中}=456.12$s，$SD_{中}=353.98$s；$M_{澳}=649.33$s，$SD_{澳}=359.53$s）做独立样本 t 检验，结果显示，澳大利亚幼儿平均延迟时间显著长于我国同龄幼儿，$t=2.737$，$p<0.01$。另外，国别与是否完成选择等待任务的 χ^2 检验结果差异也显著，$\chi^2=10.139$，$p=$

0.001。86名中国幼儿中只有26名完成等待，而36名澳大利亚幼儿中就有23名完成等待。这一结果从另一侧面反映了澳大利亚3.5～4.5岁幼儿自我延迟满足发展水平高于我国同龄幼儿。

（二）中国与澳大利亚3.5～4.5岁幼儿延迟满足延迟策略差异比较

中国与澳大利亚3.5～4.5岁幼儿延迟满足延迟策略水平的平均分比较，见图5－6。独立样本t检验结果显示，中国幼儿对水平Ⅰ无意义策略的使用显著多于澳大利亚幼儿，$t=2.696$，$p<0.01$；水平Ⅱ寻求策略的使用略多于澳大利亚幼儿，$t=1.555$，$p>0.05$；水平Ⅲ自我分心、问题解决策略的使用显著少于澳大利亚幼儿，$t=-5.536$，$p<0.001$；水平Ⅳ自我言语控制策略的使用略少于澳大利亚幼儿，$t=-1.215$，$p>0.05$。

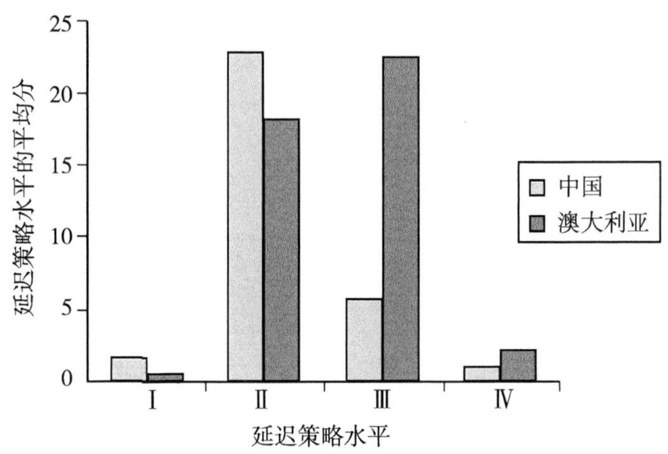

图5－6　中国与澳大利亚3.5～4.5岁幼儿延迟策略水平比较

（三）中国与澳大利亚3.5～4.5岁幼儿延迟满足延迟策略对延迟时间的多元回归分析

在延迟策略与延迟时间相关分析的基础上，分别以中国与澳大利亚3.5～4.5岁幼儿的延迟时间为因变量，以与之显著相关的延迟策略为预测变量，做多元逐步回归分析（stepwise），找出能够预测延迟时间长短的延迟策略，以确定出中国与澳大利亚幼儿主要使用的延迟策略分别是什么。结果显示（见表5－11），中国幼儿，除“静坐”策略，其余的“寻求母亲”“寻求目标”“动作分散”“离座”“非任务自语”5种与延迟时间显著相关的策略全部进入回归方程。其中，“寻求目标”策略的标准化回归系数最高，它是中国幼儿使用的主要策略。这与前述研究中4岁幼儿的结果分析基本一致。而澳大利亚幼儿，“寻求母亲”“寻求目标”“离座”“动作分散”4种与延迟时间显著相关的策略全部进入回归方程。与中国幼儿相比，“离座”和“动作分散”这两种“自我分心、问题解决”策略的标准化回归系数很高，它们是澳大利亚幼儿使用的主要策略。两国幼儿使用的主要延迟策略性质不同，澳大利亚幼儿主要使用的“自我分心、问题解决”策略水平较高，中国幼儿主要使用的“寻求目标”策略水平较高，致使两国幼儿在延迟时间长短上存在差异。

从录像记录的延迟期间的典型行为来看，中国幼儿是注视或近距离欣赏奖励物，有时也会玩自己的手、看四周或玩铃，一些幼儿还走向母亲寻求安慰或帮助，少数幼儿出现了唱歌或离座行为；澳大利亚幼儿大部分时间是离座绕房间转圈走、坐在或躺在地上玩，或看房间四周、玩自己的手或衣服，但也会时不时地看一下奖励物，一些幼儿会问母亲问题，一些幼儿会唱歌，还有少数幼儿会自语“那个阿姨什么时候回来，我想让她快点回来”“我必须得等”。

表5-11　中国与澳大利亚3.5~4.5岁幼儿延迟满足延迟策略对延迟时间的影响

国别	进入回归方程的延迟策略	*B*	*SE*	*β*
中国	1. 寻求目标	13.843	0.830	0.635***
	2. 动作分散	17.969	2.219	0.323***
	3. 寻求母亲	15.311	2.213	0.242***
	4. 非任务自语	16.013	3.970	0.144***
	5. 离座	13.627	3.790	0.126**
	（常数项）	36.555	19.553	
澳大利亚	1. 寻求目标	13.811	1.404	0.481***
	2. 离座	13.986	1.018	0.619***
	3. 动作分散	14.520	1.192	0.601***
	4. 寻求母亲	21.741	2.421	0.386***
	（常数项）	44.505	29.964	

注：**表示 $p<0.01$，***表示 $p<0.001$。

综上，中国与澳大利亚3.5~4.5岁幼儿延迟满足自我控制能力的发展存在差异，澳大利亚幼儿延迟满足自我控制能力发展水平总体高于我国同龄幼儿，表现在他们使用水平较高的自我分心、问题解决策略显著多于我国幼儿，使他们的平均延迟时间显著长于我国幼儿，完成选择等待任务的人数也显著多于我国幼儿。但是，中国与澳大利亚幼儿在延迟策略选择的发展特点上也表现出相似性，即都相对较少地选择低水平的无意义策略和高水平的自我言语控制策略。

四、讨论

研究结果表明，中国与澳大利亚3.5~4.5岁幼儿延迟满足自我控制能力的发展存在差异，澳大利亚幼儿延迟满足自我控制能力发展水平高于我国同龄幼儿。表现为澳大利亚幼儿更主要使用自我调节性质的“自我分心、问题解决”策略，平均延迟时间长；而我国幼儿，更主要使用外部调节性质的寻求策略，平均延迟时间短。我们认为这种差异主要是不同文化因素影响所致。由于中澳两国主流文化性质不同，人们的基本价值观念存在着很大差异。而作为一个国家主流文化核心成分的价值观念是沉淀在人们深层心理结构中的价值取向和心理倾向等，它弥漫于整个社会中，渗透在人们生活的各个方面，几乎影响人们所有的选择和行为准则（傅维利，刘民，1988）。父母的育儿目标是嵌套在不同群体文化价值观之中的（Meléndedz，2005）。Cuskelly，Lizhu 和 Jobling 曾采用父母价值观排序问卷（Schaefer & Edgerton，1985），请中澳两国幼儿的父母按照哪一方面对儿童发展来说更重要进行排序。该研究将父母的价值观分为顺从、自我指导、社会性三个方面。结果发现，在顺从与自我指导两种价值观维度上中澳两国差异显著，澳大利亚父母比中国父母更看重儿童的自我指导，且其在自我指导和社会性上价值观都重于顺从；而中国父母比澳大利亚父母更看重儿童的顺从，且其在社会性上的价值观都重于自我指导和顺从（Cuskelly，Lizhu & Jobling，in press）。这种价值观念的差异渗透到教育领域，就使中澳两国在家庭、幼儿园对儿童的教养方式与内容上存在很大的差异，从而导致两国幼儿发展的差异。

澳大利亚作为一个年轻移民国家，深受英国影响，建立了以从英国移植来的个人本位价值观为主流核心文化的多元文化价值观体系，十分强调个人选择的价值、个人的自由与平等。用澳大利亚人自己的话说，“‘生活的意义’不能等着别人去发现，然后再放在我们中的其他人身上——我们必须赋予我们自己的人生以自己的意义，否则它们将毫无意义”（Mackay，1998）。在他们的价值观中，特别强调个人有责任控制自己的生活，个人应该独立自主地去探索世界，人生是掌握在自己手中的。这种价值观渗透到澳大利亚的家庭与幼儿园日常教育中就是非常强调把儿童看作年幼的学习者，教育者要充分理解每一个儿童的个体发展。例如，澳大利亚幼儿教师为了制定出充分尊重与理解儿童发展的课程，他将自己与教学助理一同讨论出的课程内容，发给每个幼儿的家长，或与家长进一步讨论，请家长针对每个孩子的个性特点提出自己的建议。这种做法不仅体现出家园教育价值观念的一致性，更为尊重幼儿人格自由发展提供了基础（Queensland School Curriculum Council，1998）。另外，在幼儿园环境建设上，为了能够为幼儿提供自由选择活动与材料、独立解决问题、创造和做决定的机会（National Family Day Care Council of Australia，2003），澳大利亚幼儿园给儿童多是创设各种具体实际的生活情境，让儿童在这些具体生活情境中去发现问题、自主解决问题（Queensland School Curriculum Council，1998），这样就促进儿童各种自助技能（self－help skills）、独立解决问题能力的发展，使他们学会为自己的行为负责任，同时在这个过程中为儿童提供必要的支持与帮助（National Childcare Accreditation Council，2001）。这样就使澳大利亚幼儿具有较强的独立自主性，在选择性延迟满足模糊等待情境中独立思考、解决问题的能力较强，更倾向于主动采取一些策略而坚持完成等待，特别是更倾向于选择离开座位在房间里开展大范围的自主活动，或以各种动作来分散等自我分心策略，这些策略水平较高，可促进延迟维持，所以他们平均延迟时间较长。

我国长期以来形成的以儒学文化为代表的传统价值取向是重传统重权威，正如《荀子·致士》中所说：“君者，国之隆也；父者，家之隆也。隆一而治，二而乱；自古至今，未有二隆争重而能长久者。”（杨柳桥，1985）这种传统文化深刻影响着中华民族，形成中国人的崇尚权威、尊重长上的观念和习惯。在教育上就是崇尚教师，形成教师对学生他控的教育模式。长期以来在我国形成的这种传统他控教育模式约束着儿童个性的自由发展。例如，在家庭生活中，中国父母更多是作为孩子的行为监督者，告诉孩子该做什么与不该做什么，甚至包办代替，限制了孩子独立自主解决问题的能力，使孩子对父母产生强烈依赖感；在幼儿园中，仍然存在教师对儿童的高控制，儿童对教师的高依赖现象；教育者对幼儿的发展依然要求整齐划一，强调集体活动的一致性，给儿童提供自由选择活动的机会较少，往往忽视幼儿的个体差异。尽管我国幼儿园教育在当今也开始提倡发展幼儿个性的自主性教育，取得了一些成效，但由于中国传统价值观念的巨大惯性与潜在影响，新教育理念的实施步履维艰。这样就导致了在失去了成人控制的选择性延迟满足模糊等待情境中，中国幼儿缺乏独立思考、解决问题有效调节与控制延迟的能力。

同时，研究也表明，中国与澳大利亚3.5～4.5岁幼儿在延迟策略选择上也具有跨文化的相似性，即都相对较少地选择高水平的自我言语控制策略，高水平的自我言语控制策略在延迟满足维持过程中对3.5～4.5岁幼儿的行为抑制作用不具有显著优势性。这表明幼儿自我延迟满足的发展除受文化因素影响外，还要受幼儿期特定的言语发展特点所制约。鲁利亚研究曾发现，言语控制的来源（成人/儿童）对不同年龄段儿童的行为起着不同的调节作用：在1.5～3岁，只有成人的外部言语能够控制儿童的行为，儿童的自我言语并不奏效，且成人言语只具有控制行为的启动功能（initiating function），不具有抑制功能（inhibiting function）；在3～5岁，成人言语具有控制儿童行为启动和抑制两种功能，而儿童的自我言语只具有控制行为的启动功能，抑制功能还不完善（Facundo，Barbara & Luke，et al.，2002）。本研究得出，儿童延迟满足可能因受年龄因素制约而具有跨文化一致现象，Rotenberg等对儿童延迟满足选择的跨文化研究也曾得出与本研究一致的论断（Rotenberg & Mayer，1990）。

五、小结

澳大利亚3.5～4.5岁幼儿延迟满足自我控制能力发展水平高于我国同龄幼儿，中国与澳大利亚幼儿自我延迟满足策略选择具有差异性。澳大利亚幼儿完成选择等待的人数多，更多使用自我分心、问题解决策略，平均延迟时间长；我国幼儿完成选择等待的人数少，更多使用寻求策略，平均延迟时间短。其差异主要是由于两国文化价值观念不同，两国教育方式与内容存在差异。

受年龄因素制约，中国与澳大利亚3.5~4.5岁幼儿延迟满足策略选择也有微弱的相似性。即都相对较少地选择高水平的自我言语控制策略，高水平的自我言语控制策略在延迟满足维持过程中对3.5~4.5岁幼儿的行为抑制作用不具有显著优势性。

Chapter 6
第六章
促进幼儿延迟满足自我控制能力发展的教育策略

第一节　促进幼儿延迟满足自我控制能力发展的家庭教育策略

家庭为幼儿社会化发展提供了最直接的社会环境。因此，促进幼儿延迟满足自我控制能力发展的教育工作要从家庭教育开始。根据幼儿延迟满足自我控制能力的发展特点，家长可以有的放矢地培养幼儿的延迟满足自我控制能力。以下家庭教育策略可供家长借鉴（王江洋，杨丽珠，2006）。

一、教给幼儿一些有助于延迟满足等待的具体策略

首先，要让幼儿学会等待。比如，家长可以先教幼儿认识钟表，钟表上的“12”用葡萄表示，“3”用西瓜表示，“6”用香蕉表示，“9”用樱桃表示；再学习等待，让其在两盘薯片中选择一盘他/她想吃的，当表针走到葡萄/西瓜处时，告诉他/她表针走到香蕉/樱桃的地方（30 秒），就可以吃到他/她想吃的这些薯片了。此外，也可使用会报时的闹表或计时器。再比如，晚上幼儿急切地想吃水果，可以对幼儿说“如果你能乖乖的先洗完澡，那你就可以吃水果了”。总之，要让幼儿明白只有等待才会得到他期望的事物。

其次，心理学研究表明，幼儿有效的延迟满足依赖于个体从奖励物上转移注意或认知分心。各种外部或内部的分心活动都有助于幼儿对延迟的维持。外部分心活动，如幼儿在等待过程中可以玩期望奖励以外的玩具，还可以进行讲故事、唱歌、跳舞等外显活动；内部分心活动，如成人指导幼儿想自己

曾经经历的快乐事情，把自己不能马上吃到的棉花糖想象成胖胖的白云，把不能马上吃到的巧克力想象成黑黑的泥巴，等等。此外，也可以通过言语指导调节幼儿的行为，但需要注意的是在幼儿 3 岁以前，成人言语也只能够控制幼儿行为的启动，幼儿的自我言语并不奏效；在 3 ~ 5 岁，成人言语才具有控制幼儿行为启动和抑制两种功能，而幼儿的自我言语只具有控制行为启动的功能，抑制功能仍不完善。

二、鼓励幼儿参与规则性情境游戏活动，促进幼儿延迟满足规则内化

苏联著名儿童心理学家维果斯基曾说：“游戏持续地向儿童提出活动时要克服即时冲动的要求。”幼儿在游戏中，要扮演各种假想的社会角色，遵守角色或游戏的规则，等待他们的游戏顺序，分享他们喜欢的玩具，或者是在交流的过程中等待说话的时机，都有很多自我延迟满足的机会。幼儿在游戏活动中对满足的延迟完全是自主的，这远比满足即时冲动给他们带来的快乐更多，比起成人直接对幼儿提出的延迟满足，他们也更乐于接受。幼儿在游戏中成功实现自我延迟满足，是他们逐渐将在各种游戏中获得的行为规则内化为主体意识，又通过游戏的操作活动，将内化的主体意识具体表现出来，实现主体意识的外化，并在高一层水平上进一步内化的结果。因此，家长既可以鼓励幼儿自己玩假想游戏，如“过家家”等；也可以让幼儿参与同伴群体的社会性游戏，如“小小医院”“小小银行”等。任何具有规则性的个体或社会性游戏都可增进幼儿的延迟满足能力。

三、利用约束性顺从行为，促进幼儿对自身行为的主动调节

约束性顺从是指幼儿全心全意地、心甘情愿地遵从成人的要求而约束和调节自己的行为。它是幼儿良心出现的标志。幼儿在其中会显得乐于接纳父母的要求和价值，表现出满意、骄傲和积极的情绪；幼儿对规则和指向的顺从也表现为肯定、积极的方式，并有一种义务感。它也是幼儿从外部控制发展到自我控制的中间环节，体现了幼儿能够自己处理好日常要求或接受父母提出的特殊行为准则的能力。幼儿的约束性顺从有两种表现：一种表现为幼儿乐于遵从成人的要求而去做某事，例如，幼儿正在地上玩积木、小汽车等

玩具，这时妈妈说："我们要吃晚饭了，你把玩具收拾好，才能吃。"幼儿能够主动地接受母亲的要求，并且很高兴地把玩具收拾好。另一种表现为幼儿乐于遵从成人的要求而不去做某事，例如，妈妈带幼儿去超市买东西，幼儿看见新奇的玩具就要去拿，这时妈妈说："这些玩具不是我们的，不付钱买就不能碰。"幼儿表现为能够抗拒新奇玩具的诱惑，而听从母亲不去碰玩具。无论是做与不做的情境，如果幼儿能够长期做到约束性顺从，就可逐渐将成人的要求内化为良心，而会主动地调节自己的行为，控制自己的欲望，延迟自己不能立即获得的满足。因此，如果父母注意不断强化幼儿的约束性顺从行为，那么对延迟满足自我控制能力的提高将会取得事半功倍的效果。

四、给幼儿创设主动选择和自主解决问题的机会

中国与澳大利亚幼儿在玩具车与巧克力延迟满足自我控制实验中所表现出的差异向我们表明，凡是在延迟满足过程中能够灵活使用各种等待策略的幼儿，都会成功地得到他们期望的大奖励。由于文化价值观的差异，澳大利亚父母或教师多是让幼儿在具体生活情境中去发现问题、自主解决问题，成人辅之以必要的帮助，这就促进了幼儿各种自助技能、独立解决问题能力的发展。因此，澳大利亚幼儿具有较强的独立自主性，在延迟满足模糊等待情境中独立思考、解决问题的能力较强，更倾向于主动采取一些策略而坚持完成等待。而中国的父母往往过低估计幼儿的能力，觉得他小，怕他做不成事反添麻烦，于是便充当孩子行为的监督者，告诉孩子该做什么与不该做什么，甚至包办代替。长此以往，这不但限制了孩子独立自主解决问题能力的发展，更使孩子会对父母产生强烈依赖感。如果失去成人控制，那么幼儿一旦面对像自我延迟满足这样的挫折情境，就会因缺乏独立思考与解决问题的能力而难以适应社会。在这一方面，最重要的是父母与教师要转变自己的教育观念，在必要的照顾与帮助基础上，尽量多给幼儿创设主动选择，自主解决问题的机会，发挥他们的自主性，提高延迟满足自我控制能力。

五、多给幼儿提供情感温暖，建立良好的亲子关系

尽量满足幼儿的情感需求，多抱抱、亲亲他/她，让其感受到父母的爱，

不仅是1～3岁婴儿依恋发展所必需的，而且对于3～5岁幼儿社会性能力的发展也是非常重要的。良好亲子关系的建立，是幼儿适应社会的支持系统。心理学研究表明，当幼儿遇到延迟满足的挫折时，无论是成人要求的，还是幼儿自主选择的，如果父母能够为他们提供情感的温暖与鼓励，他们就会感到安全，获得积极的情绪，从精神上增强战胜延迟满足挫折的意志力与信心。一次成功自我延迟满足后，幼儿如果得到父母的赞扬与关怀，就会促进他对其他满足的自主延迟。经常如此，幼儿便会养成良好的自我控制习惯。

六、家长要以身作则，为幼儿树立自我延迟满足的榜样

儿童学习与发展的一个重要途径便是观察模仿成人的言行。家庭是孩子的主要生活场所，父母的一言一行都会对孩子产生直接或间接的影响。所以，父母不仅要在日常生活中指导、训练孩子的各种行为，自己更要以身作则，做出自我延迟满足的表率。一个很好的方法是将针对孩子及家长的各种行为规则分别列出来，贴在家中的醒目位置，孩子与家长之间互相监督执行。一个严于律己、善于克制的父母在向孩子提出延迟满足的要求时，会更具有权威性和说服力。

第二节　促进幼儿亲社会性延迟满足自我控制能力发展的幼儿园教育策略

幼儿园为幼儿社会化发展提供了更为丰富的社会环境与社会关系。因此，开展幼儿亲社会性延迟满足自我控制能力发展的教育从幼儿园教育着手更为适宜。根据本研究对幼儿亲社会延迟满足选择倾向的发展特点及其影响因素的作用机制，幼儿园教师可以有的放矢地培养幼儿的亲社会性延迟满足自我控制能力。以下幼儿园教育策略可供教师借鉴。

一、在游戏中有目的地创设需要延迟满足的亲社会动机情境

关于游戏和儿童社会性发展之间的关系，我国学者做了许多有益的探索和阐释，认为游戏可以促进儿童社会性的发展，使儿童在游戏中获得许多社

交技能。通过自选游戏的组织及适宜游戏环境的创设，可以促进幼儿社会性行为的发展（张红梅，韩姝，2007）。由此可见，情境游戏可以作为促进幼儿亲社会延迟满足行为发展的有效载体。

在幼儿园中，教师可以通过创设亲社会延迟满足情境来培养幼儿的亲社会延迟满足选择行为。比如，让有的小朋友扮演已经得到一些饼干的小护士，让另一些小朋友扮演需要得到食物的伤员，教师们要引导和鼓励已经得到饼干的护士小朋友们不马上吃掉饼干，而是在通过“封锁线”之后和伤员小朋友们一起分享，这样不仅能把伤员小朋友们救活，还会另外得到教师发给他们的小红花。在这个游戏情境中，护士小朋友们的食物要和伤员朋友们分享，但是这种分享又不是马上能实现的，它需要儿童通过路障即一定的延迟时间才能实现。因此，在这样的情境中，儿童的亲社会行为和延迟满足能力都会得到训练。在游戏过程中，3 岁幼儿可能不会顺利完成这样的游戏任务，这就需要教师们更加细心指导和鼓励来帮助他们完成游戏任务，因为这也将有助于幼儿在很小的时候就树立这种做亲社会延迟满足行为的意识。

二、树立亲社会延迟满足行为小榜样

心理学的研究表明，模仿是儿童获得相应的社会行为的重要途径。因此，为儿童提供亲社会延迟满足小榜样也是培养幼儿亲社会延迟满足行为的基本方法之一。首先，教师、家长要切实提高自身的修养，规范自己的行为，注意与周围的人和睦相处，积极合作，并热心为他人排忧解难，优化幼儿的生活环境，让孩子从中找到学习、模仿的良好榜样。其次，教师要善于发现亲社会延迟满足行为能力发展得比较好的幼儿，以他为榜样，号召大家都向他学习，这样不仅有利于榜样儿童亲社会延迟满足行为能力的继续保持和发展，而且也可以使其他小朋友的亲社会延迟满足行为能力得到提高。最后，教师要通过故事书、视频节目等多种途径为儿童提供亲社会延迟满足行为榜样。这就需要教师细心寻找讲述这类行为的童话、儿歌、卡通片等，并充分利用这些生动、形象、富有童趣的文学形象来提高儿童的亲社会延迟满足意识，发展他们延迟满足的行为能力，分享、利他情感，从而培养儿童的亲社会延迟满足行为。

三、帮助幼儿建立良好的同伴关系

良好的同伴关系首先能促进幼儿亲社会行为的发展，因此也能间接地培养幼儿的亲社会延迟满足能力。在幼儿园中，首先，教师要以身作则，与周围人保持一种良好、和谐的人际关系；其次，为幼儿提供集体活动的时间，因为游戏是幼儿期的主要活动，在游戏中孩子们不仅可以找到自己的小伙伴，而且还可以学会分享玩具以及如何邀请别的小朋友加入他们的游戏中，这样就可以培养儿童的分享、合作行为，以促进幼儿亲社会延迟满足能力的发展。最后，可以根据幼儿不同的兴趣爱好组织不同的兴趣小组，如舞蹈小组、歌唱小组、绘画小组、曲艺班小组，在这些小组里不仅可以培养儿童的各种兴趣爱好，而且有相同兴趣的小朋友们比较容易成为朋友，因此这些兴趣小组会成为建立良好同伴关系的场所，同伴之间的互助、分享、合作等亲社会行为会比较容易发生，当幼儿表现出这些亲社会行为后，教师一定要马上给予表扬，强化幼儿的亲社会行为，这样会促进幼儿亲社会行为的保持与迁移，间接促进幼儿亲社会延迟满足选择能力的发展。

四、培养幼儿对优势反应的抑制

培养幼儿抑制对奖励物的即时满足也能促进幼儿的亲社会延迟满足选择能力的发展。在学校，当幼儿面对极具诱惑性的食物或玩具时，教师要教会儿童使用注意转移的方式抑制对诱惑物的即时满足，如让幼儿唱首歌或帮忙做一些简单的家务活儿后再来消费这些诱惑物，还可以让抑制即时满足的能力发展得不好的幼儿多和那些延迟满足能力发展得较好的幼儿在一起，利用同伴压力来促使幼儿做出延迟满足的选择。当幼儿再次面对亲社会延迟满足的情境时他们就更有可能做出亲社会延迟满足行为。

最后，祝愿天下所有的儿童都能永远快乐、健康，不论将来的成就大小，至少是一个善良的人，拥有美好的心灵，对自己充满信心，对他人充满友爱，对世界充满关注，在磨难中微笑前行，在风雨中懂得珍惜，在亲历中感恩生命。

参考文献

中文文献

岑国桢，刘京海 . 1988. 5 ~ 11 岁儿童分享观念发展研究［J］. 心理科学，(2)：19 – 23.

陈会昌，李苗，王莉 . 2002. 延迟满足情境中 2 岁儿童对行为的自我控制能力和延迟策略的使用［J］. 心理发展与教育，18（1），1 – 5.

陈会昌，阴军莉，张宏学 . 2005. 2 岁儿童延迟性自我控制及家庭因素的相关研究［J］. 心理科学，28（2）：285 – 289.

陈伟民，桑标 . 2002. 儿童自我控制研究述评［J］. 心理科学进展，10（1）：66 – 70.

邓赐平，刘金花 . 1998. 儿童自我控制能力教育对策研究［J］. 心理科学，21（3）：270 – 271.

傅维利，刘民 . 1988. 文化变迁与教育发展［M］. 成都：四川教育出版社 .

韩玉昌，任桂琴 . 2006. 儿童自我延迟满足的视觉认知过程［J］. 心理学报，38（1）：79 – 84.

黄希庭，杨治良，林崇德 . 2003. 心理学大辞典［M］. 上海：上海世纪出版集团/上海教育出版社 .

黄蕴智 . 1999. 延迟满足：一个值得在我国开展的研究计划［J］. 心理发展与教育，15（1）：53 – 56.

蒋钦 . 2008. 观点采择因素对儿童情感决策的影响［D］. 重庆：西南大学 .

利伯特 R M. 1983. 发展心理学［M］. 刘范，译 . 北京：人民教育出版社：407.

李丹，李伯黍 . 1989. 儿童利他行为发展的实验研究［J］. 心理科学，(5)：

6－11.

李晓东. 2005. 初中学生学业延迟满足［J］. 心理学报，37（4）：491－496.

林崇德. 2006. 发展心理学［M］. 北京：人民教育出版社.

刘平. 1999. 儿童孤独量表［M］//汪向东，王希林，马弘. 心理卫生评定量表手册. 北京：中国心理卫生杂志社：303－304.

刘文. 2002. 3～9岁幼儿气质发展及其与个性相关因素关系的研究［D］. 大连：辽宁师范大学.

刘岩，张明，徐国庆. 2002. 学习困难和优秀学生延迟满足能力的跨情境比较实验研究［J］. 心理发展与教育，18（3）：63－67.

刘在花，许燕. 2003. 学习困难儿童友谊质量、定向、孤独感的研究［J］. 心理科学，26（2）：236－239.

马弘. 1999. 儿童社交焦虑量表［M］//汪向东，王希林，马弘. 心理卫生评定量表手册. 北京：中国心理卫生杂志社：248－249.

庞丽娟，姜勇. 1999. 幼儿责任心发展的研究［J］. 心理发展与教育，15（3）：12－17.

唐艳. 2005. 从延迟满足任务看儿童期热执行功能与冷执行功能的关系［D］. 重庆：西南师范大学.

王江洋，杨丽珠. 2006. 等会儿，再等会儿——孩子自我延迟满足能力的培养［J］. 父母必读：15－17.

王莉，陈会昌，陈欣银，等. 2001. 两岁儿童情绪调节策略与其问题行为［J］. 心理发展与教育，17（3）：1－4，21.

王月花. 2007. 着眼于将来的选择能力对幼儿情感决策的影响［D］. 重庆：西南大学.

王子鉴. 2007. 情感调节能力对儿童延迟满足表现的影响［J］. 法制与社会，（2）：589.

吴彩萍. 2003. 3～5岁幼儿延迟满足的实验研究［D］. 上海：上海师范大学.

吴春蓉. 2007. 幼儿责任心的构成维度和发展验证分析［J］. 文教资料，（9）：144－145.

辛自强，池丽萍. 2003. 家庭功能与儿童孤独感的关系：中介的作用［J］. 心理学报，35（2）：216－221.

徐芬，王卫星，高山，等.2003. 幼儿心理理论水平及其与抑制控制发展的关系［J］. 心理发展与教育，19（4）：7－11.

杨柳桥.1985. 荀子诂译［M］. 济南：齐鲁书社：347.

杨慧芳，刘金花.1997. 西方对父母控制模式与儿童自我控制关系研究述评［J］. 当代青年研究，（5）：29－32.

杨丽珠.1995. 对幼儿自控能力培养的实验研究［J］. 北京师范大学学报（国内访问学者专辑）.

杨丽珠，刘文.2008. 幼儿气质与其自我延迟满足能力的关系［J］. 心理科学，31（4）：784－788.

杨丽珠，宋辉.2003. 幼儿自我控制能力发展的研究［J］. 心理与行为研究，1（1）：51－56.

杨丽珠，王江洋，刘文，等.2005.3～5 岁幼儿自我延迟满足的发展特点及其中澳跨文化比较［J］. 心理学报，37（2）：224－232.

杨丽珠，徐丽敏，王江洋.2003. 四种注意情境下幼儿自我延迟满足的实验研究［J］. 心理发展与教育，19（4）：1－6.

于松梅.2005. 儿童自我延迟满足能力的认知特征研究［D］. 大连：辽宁师范大学.

于松梅，金红.2003. 两种延迟满足实验研究范式的分歧与整合［J］. 辽宁师范大学学报（社会科学版），26（4）：54－57.

张红梅，韩姝.2007. 关于不同时期小学生游戏与其亲社会行为之关系的研究［J］. 教育导刊（8）：28－31.

张文新，林崇德.1999. 儿童社会观点采择的发展及其与同伴互动关系的研究［J］. 心理学报，31（4）：418－426.

赵文芳.2004. 枯燥工作任务下儿童延迟满足的实验研究［D］. 大连：辽宁师范大学.

赵章留，寇彧.2006. 儿童四种典型亲社会行为发展的特点［J］. 心理发展与教育，22（1）：117－121.

周兆钧，余传诗.2004－06－10. 我国首次公布学龄前儿童十大问题行为

[N]. 光明日报.

朱智贤. 1993. 儿童心理学 [M]. 北京：人民教育出版社.

左雪. 2005. 3～5 岁幼儿不同情境下延迟满足及延迟策略的实验研究 [D]. 呼和浩特：内蒙古师范大学.

英文文献

Ayduk O, Denton R M, Mischel W, et al. 2000. Regulating the interpersonal self: strategic self-regulation for coping with rejection sensitivity [J]. Journal of Personality and Social Psychology, 79 (5): 776－792.

Bembenutty H. 1999. Sustaining motivation and academic goals: The role of academic delay of gratification [J]. Learning and Individual Differences, 11 (3): 233－257.

Bembenutty H. 2001. Self-regulation of learning in the 21st century: Understanding the role of academic delay of gratification [C]. Annual Meeting of the American Educational Research Association, Seattle.

Bembenutty H. 2002a. Academic delay of gratification and self-efficacy enhance academic achievement among minority college students [C]. Annual Meeting of the American Educational Research Association.

Bembenutty H. 2002b. Self-regulation of learning and academic delay of gratification: Individual differences among college students [C]. Annual Meeting of the American Educational Research Association, New Orleans.

Bembenutty H, Karabenick S A. 1996. Academic delay of gratification scale: A new measurement for delay of gratification [C]. Annual Meeting of the Eastern Psychological Association, Philadelphia.

Bembenutty H, Karabenick S A. 1997. Academic delay of gratification in conditionally-admissible minority college students [C]. Annual Meeting of the American Educational Research Association, Chicago.

Bembenutty H, Karabenick S A. 1998. Academic delay of gratification [J].

Learning and Individual Differences, 10 (4): 329 –346.

Bembenutty H, Karabenick S A. 1999, August. Sustaining learning through academic delay of gratification: Choice and strategy [C]. Annual Meeting of the American Psychological Association, 107th, Boston.

Bembenutty H, Karabenick S A. 2004. Inherent association between academic delay of gratification, future time perspective, and self-regulated learning [J]. Educational Psychology Review, 16 (1): 35 –57.

Bembenutty H, McKeachie W J, Lin Y G. 2000. Emotion regulation and test Anxiety: The contribution of academic delay of gratification [C]. Annual Meeting of the American Educational Research Association, New Orleans.

Bembenutty H, McKeachie W J, Karabenick S A, et al 2001, April. Teaching effectiveness and course evaluation: The role of academic delay of gratification [C]. Annual Meeting of the American Educational Research Association, Seattle.

Bhattacharya G. 2000. The school adjustment of South Asian immigrant children in the United States [J]. Adolescence, 35 (137): 77 –85.

Bjorklund D F, Kipp K. 1996. Parental investment theory and gender differences in the evolution of inhibition mechanisms [J]. Psychology Bulletin, 120 (2): 163 –188.

Bourget V. 1984. Performance of overweight and normal-weight girls on delay of gratification tasks [J]. Journal of Eating Disorders, 3 (3): 63 –71.

Brown H J, Gutsch K U. 1985. Cognitions associated with psychopaths and normal prisoners [J]. Criminal Justice and Behavior, 12: 453 –462.

Buhs E S, Ladd G W. 2001. Peer rejection as an antecedent of young children's school adjustment: An examination of mediating processes [J]. Developmental Psychology, 37 (4): 550 –560.

Carlson S M, Moses L J. 2001. Individual differences in inhibitory control and children's theory of mind [J]. Child Development, 72 (4): 1032 –1053.

Carlson S M, Moses L J, Hix H R. 1998. The role of inhibitory processes in young children's difficulties with deception and false belief [J]. Child Development, 69 (3): 672 -691.

Carolle H, Claire C M. 1994. Children's relationship with peers: Differential associations with aspect of the teacher-child relationship [J]. Child Development, 65 (1): 253 -263.

Cemore J J, Herwig J E. 2005. Delay of gratification and make-believe play of preschoolers [J]. Journal of Research in Childhood Education, 19 (3): 251 -266.

Collins L P, Tucker D M. 2000. Mood, personality and self-monitoring: Negative affect and emotionality in relation to frontal lobe mechanisms of error monitoring [J]. Journal of Experimental Psychology, 129 (1): 43 -60.

Cournoyer M, Turdel M. 1991. Behavioral correlates of self-control at 33 months [J]. Infant Behavior and Development, 14 (4): 497 -503.

Crick N R, Dodge K A. 1994. A review and reformulation of social information processing mechanisms in children's social adjustment [J]. Psychological Bulletin, 115 (1): 74 -101.

Cuskelly M, Zhang A R. 2003. A mental age-matched comparison study of delay of gratification in children with Down Syndrome [J]. International Journal of Disability, Development and Education, 50 (3): 239 -251.

Facundo M, Barbara S, Luke C, et al. 2002. Decision-making processes following damage to the prefrontal cortex [J]. Brain, 125 (3): 624 -639.

Fry P S, Preston J. 1980. Children's delay of gratification as a function of task contingency and the reward-related contents of task [J]. Journal of Social Psychology, 111: 281 -291.

Funder D C, Block J. 1989. The role of ego-control, ego-resiliency and IQ in delay of gratification in adolescence [J]. Journal of Personality and Social Psychology, 57 (6): 1041 -1050.

Funder D C, Block J H, Block H. 1983. Delay of gratification: Some longitudinal personality correlates [J]. Journal of Personality and Social Psychology, 44 (6): 1198 -1213.

Gjesme T. 1979. Future time orientation as a function of achievement motives, ability, delay of gratification and sex [J]. Journal of Psychology, 101: 173 -188.

Granzberg G. 1976. Delay of gratification and abstract ability in three societies [J]. The Journal of Social Psychology, 100: 181 -187.

Granzberg G. 1977. Further evidence of situational factors in delay of gratification [J]. Journal of Psychology, 95 (1): 7 -8.

Green L., Myerson J. 2004. A discounting frame work for choice with delayed and probabilistic rewards [J]. Psychological Bulletin, 130 (5): 769 -792.

Gregory C R, Yates S M. 1974. Influence of televised modeling and verbalization on children's delay of gratification [J]. Journal of Experimental Child Psychology, 18 (2): 333 -339.

Gronau R C, Waas G A. 1997. Delay of gratification and cue utilization: An examination of children's social information processing [J]. Merrill-palmer Quarterly, 43 (2): 305 -322.

Hamre B K, Pianta R C. 2001. Early teacher-child relationships and the trajectory of children's school outcomes through eighth grade [J]. Child Development, 72 (2): 625 -638.

Henricsson L, Rydell A M. 2006. Children with behaviour problems: The influence of social competence and social relations on problem stability, school achievement and peer acceptance across the first six years of school [J]. Infant and Child Development, 15: 347 -366.

Herzberger S D, Dweck C S. 1978. Attraction and delay of gratification [J]. Journal of Personality, 46 (2): 215 -229.

Hodges J. 2001. Fostering delayed gratification: Harnessing the power of positive compulsion [J]. Australian Journal of Clinical Hypnotherapy and Hypnosis, 22 (2): 9 -77.

Hom J R, Knight. 1996. Delay of gratification: Mother's predictions about four attentional techniques [J]. The Journal of Genetic Psychology, 157 (2): 180 -190.

Houck G M, Lecuyer-Maus E A. 2004. Maternal limit setting during toddlerhood, delay of gratification and behaviors at age five [J]. Infant Mental Health Journal, 25 (1): 28 - 46.

Hutchby I. 2005. Children's talk and social competence [J]. Children and Society, 19: 66 - 73.

Jacobsen T. 1998. Delay behavior at age six: Links to maternal expressed emotion [J]. The Journal of Genetic Psychology, 159 (1): 117 - 120.

Jacobsen T, Huss M, Fendrich M, et al. 1997. Children's ability to delay gratification: Longitudinal relations to mother-child attachment [J]. The Journal of Genetic Psychology, 158 (4): 411 - 426.

John M H, Tina L J, Paul W. 2003. Impulsive decision making and working memory [J]. Journal of Experimental Psychology: Learning, Memory and Cognition, 29 (2): 298 - 306.

Kanfer F H, Stifter E, Morris S J. 1981. Self-control and altruism: Delay of gratification for another [J]. Child Development, 52 (2): 674 - 682.

Ketsetzis M, Ryan B A, Adams G R. 1998. Family processes, parent-child interactions and child characteristics influencing school-based social adjustment [J]. Journal of Marriage and the Family, 60 (2): 374 - 387.

Kopp C B. 1991. Young children's progression to self-regulation. In M. Bullock (ed): The development of intentional action [J]. Cognitive, motivational and interactive processes. Contrib Hum Dev. Basel, Karger, 22: 38 - 54.

Koriat A, Nisan M. 1977. The nature of conflict in delay of gratification [J]. The Journal of Genetic Psychology, 131: 195 - 205.

Krueger R F, Caspi A, Moffitt T E, et al. 1996. Delay of gratification, psychopathology, and personality: Is low self-control specific to externalizing problems? [J]. Journal of Personality, 64 (1): 107 - 129.

Kuperminc G P, Blatt S J, Shahar G, et al. 2004. Cultural equivalence and cultural variance in longitudinal associations of young adolescent self-definition and interpersonal relatedness to psychological and school adjustment [J].

Journal of Youth and Adolescence, 33 (1): 13 – 30.

Ladd G W, Burgess K. 2001. Do relational risks and protective factors moderate the linkages between childhood aggression and early psychological and school adjustment [J]? Child Development, 72 (5): 1579 – 1601.

Lomranz J, Shmotkin D, Katznelson D B. 1983. Coherence as a measure of future time perspective in children and its relationship to delay of gratification and social class [J]. International Journal of Psychology, 18: 407 – 413.

Mackay H. 1998. Reinventing Australia: The mind and mood of Australia in the 90s [J]. Australia: Angus & Robertson: 306.

Mantzicopoulos P. 2003. Academic and school adjustment outcomes following placement in a developmental first-grade program [J]. The Journal of Educational Research, 97 (2): 90 – 105.

Mauro C F, Harris Y R. 2000. The influence of maternal child-rearing attitudes and teaching behaviors on preschooler's delay of gratification [J]. Journal of Genetic Psychology, 161 (3): 292 – 307.

McDowell D J, Parke R D. 2005. Parental control and affect as predictors of children's display rule use and social competence with peers [J]. Social Development, 14 (3): 440 – 457.

Meléndedz L M. 2005. Parental beliefs and practices around early self-regulation: The impact of culture and immigration [J]. Infants and Young Children, 18 (2): 136 – 146.

Metcalfe J, Mischel W. 1999. A hot/cool analysis of delay of gratification: Dynamics of willpower [J]. Psychological Review, 106 (1): 3 – 19.

Metzner R. 1963. Effects of delay work-requirements in two types of delay of gratification situations [J]. Child Development, 34: 809 – 816.

Mischel H N, Mischel W. 1983. The development of children's knowledge of self-control strategies [J]. Child Development, 54 (3): 603 – 619.

Mischel W. 1961. Father-absence and delay of gratification: Cross-culture comparisons [J]. Journal of Abnormal and Social Psychology, 63 (1): 116 – 124.

Mischel W. 1961. Preference for delay reinforcement and social responsibility [J]. Journal of Abnormal and Social Psychology, 62 (1): 1 -7.

Mischel W. 1996. From good intentions to willpower: Effects of cognitive focus [M]. New York: 197 -218.

Mischel W. 1999. Instruction to Personality [M]. Sixth edition. Fort Worth: Harcourt Brace College Publishers.

Mischel W, Ebbesen E B. 1970. Attention in delay of gratification [J]. Journal of Personality and Social Psychology, 16 (2): 329 -337.

Mischel W, Ebbesen E B, Zeiss A R. 1972. Cognitive and attentional mechanisms in delay of gratification [J]. Journal of Personality and Social Psychology, 21 (2): 204 -218.

Mischel W, Grusec J. 1967. Waiting for rewards and punishments: Effects of time and probability on choice [J]. Journal of Personality and Social Psychology, 5 (1): 24 -31.

Mischel W, Grusec J. 1969. Effects of delay time on the subjective value of rewards and punishments [J]. Journal of Personality and Social Psychology, 11 (4): 363 -373.

Mischel W, Moore B. 1973. Effects of attention to symbolically presented rewards on self-control [J]. Journal of Personality and Social Psychology, 28 (2): 172 -179.

Mischel W, Moore B. 1980. The role of ideation in voluntary delay for symbolically presented rewards [J]. Cognitive therapy and Research, 4 (2): 211 -221.

Mischel W, Shoda Y. 1995. A cognitive-affective system theory of personality: Reconceptualizing situations, dispositions, dynamics and invariance in personality structure [J]. Psychological Review, 102 (2): 246 -268.

Mischel W, Shoda Y. 1998. Reconciling processing dynamics and personality dispositions [J]. Annual Review of Psychology, 49: 229 -258.

Mischel W, Shoda Y, Peak P. 1988. The nature of adolescent competencies predicted by preschool delay of gratification [J]. Journal of Personality and Social Psychology, 54 (4): 687 -696.

Mischel W, Underwood B. 1974. Instrumental ideation in delay of gratification [J]. Child Development, 45 (6): 1083 – 1088.

Miller D T, Karnio R. 1976. Coping strategies and attentional mechanisms in self-imposed and externally imposed delay situations [J]. Journal of Personality and Social Psychology, 34 (2): 310 – 316.

Miller D T, Weinstein S M, Karnio R. 1978. Effects of age and self-verbalization on children's ability to delay of gratification [J]. Developmental Psychology, 14: 569 – 570.

Moore B, Mischel W, Zeiss A. 1976. Comparative effects of the reward stimulus and its cognitive representation in voluntary delay [J]. Journal of Personality and Social Psychology, 34 (3): 419 – 424.

Moore B S, Clyburn A. 1976. The role of affect in delay of gratification [J]. Child Development, 47 (1): 273 – 276.

Moore C, Barresi J, Thompson C. 1998. The cognitive basis of future-oriented prosocial behavior [J]. Social Development, 7 (2): 199 – 217.

National Childcare Accreditation Council. 2001. Family Day Care Quality Assurance Handbook [G]. Australia: National Childcare Accreditation Council lnc.

National Family Day Care Council of Australia. 2003. National Standards for Family Day Care [G]. Australia: National Family Day Care Council.

Newman J P, Kosson D S, Patterson C M. 1992. Delay of gratification in psychopathic and non psychopathic offenders [J]. Journal of Abnormal Psychology, 101 (4): 630 – 636.

Nisan M, Koriat A. 1977. Children's actual choice and their conception of the wise choice in a delay-of-gratification situation [J]. Child Development, 48 (2): 488 – 494.

Nisan M, & Koriat, A. 1984. The effect of cognitive restructuring on delay of gratification [J]. Child Development, 55 (2): 492 – 503.

Olson S L. 1989. Assessment of impulsivity in preschoolers: Cross-measure convergences, longitudinal stability, and relevance to social competence [J]. Journal of Clinical Child Psychology, 18 (2): 176 – 183.

Olweus D. 1980. Familial and temperamental determinants of aggressive behavior in adolescent boys: A causal analysis [J]. Developmental Psychology, 16: 644 – 660.

Patterson C J, Carter D B. 1979. Attentional determinants of children's self-control in waiting and working situations [J]. Child Development, 50 (1): 272 – 275.

Peake P K, Hebl M, Mischel W. 2002. Strategic attention deployment for delay of gratification in working and waiting situation [J]. Developmental Psychology, 38 (2): 313 – 326.

Perry K E, Weinstein R S. 1998. The social context of early schooling and children's school adjustment [J]. Educational Psychologist, 33 (4): 177 – 194.

Putnam S P, Spritz B L, Stifter C A. 2002. Mother-child coregulation during delay of gratification at 30 months [J]. Infancy, 3 (1): 209 – 225.

Queensland School Curriculum Council. 1998. Preschool curriculum guidelines [G]. The state of Queensland: Queensland School Curriculum Council.

Raver C C. 1996. Relations between social contingency in mother-child interaction and 2-year-olds' social competence [J]. Developmental Psychology, 32 (5): 850 – 859.

Ray J J, Najman J M. 1986. The generalizability of deferment of gratification [J]. Journal of Social Psychology, 126: 117 – 119.

Reijntjes A, Stegge H, Terwogt M M. 2006. Children's coping with peer rejection: The role of depressive symptoms, social competence, and gender [J]. Infant and Child Development, 15: 89 – 107.

Reitman D, Gross A M. 1997. The relation of maternal child-rearing attitudes to delay of gratification among boys [J]. Child Study Journal, 27 (4): 279 – 301.

Rodriguez M L, Mischel W, Shoda Y. 1989. Cognitive person variables in the delay of gratification of older children at-risk [J]. Journal of Personality and Social Psychology, 57 (2): 358 – 367.

Rosebaum M A. 1980. Schedule for assessing self-control behaviors: Preliminary findings [J]. Behavior Therapy, 11: 109-121.

Rossem R V, Vermande M M. 2004. Classroom roles and school adjustment [J].

Social Psychology Quarterly, 67 (4): 396 -411.

Rotenberg K J, Macdonald K J, King E V. 2002. The relationship between loneliness and interpersonal trust during middle childhood [J]. The Journal of Genetic Psychology, 165 (3): 233 -249.

Rotenberg K J, Mayer E V. 1990. Delay of gratification in native and white children: A cross-cultural comparison [J]. International Journal of Behavioral Development, 13 (1): 23 -30.

Santtila P, Sandnabba N K, Wannäs M, et al. 2005. Multivariate structure of sexual behaviors in children: Associations with age, social competence, life stressors, and behavioral disorders [J]. Early Child Development and Care, 175 (1): 3 -21.

Schwarz J C, Pollack P R. 1977. Affect and delay of gratification [J]. Journal of Research in Personality, 11 (2): 147 -164.

Schwarz J C, Schrager J B, Lyons A E. 1983. Delay of gratification by preschoolers: Evidence for the validity of the choice paradigm [J]. Child Development, 54 (3): 620 -625.

Seiki K, Kyoichi N, Idai U, etal. 1999. Common inhibitory mechanism in human inferior prefrontal cortex revealed by event-related functional MRI [J]. Brain, 122 (5): 981 -991.

Sethi A, Mischel W, Aber J L, et al. 2000. The role of strategic attention deployment in development of self-regulation: Predicting preschoolers' delay of gratification from mother-toddler interactions [J]. Developmental Psychology, 36 (6): 767 -777.

Shoda Y, Mischel W, Peake P K. 1990. Predicting adolescent cognitive and self-regulatory competencies from preschool delay of gratification: Identifying diagnostic conditions [J]. Developmental Psychology, 26 (6): 978 -986.

Sigal J J, Adler L 1976. Motivational effects of hunger on time estimation and delay of gratification in obese and nobese boys [J]. The Journal of Genetic Psychology, 128 (1): 7 -16.

Silverman I W. 2003. Gender difference in delay of gratification: A meta-analysis

[J]. Sex Roles, 49 (9/10): 451 – 463.

Silverman I W, Ragusa D M. 1990. Child and maternal correlates of impulse control in 24-month-old children [J]. Genetic, Social, and General Psychology Monographs, 116: 437 – 473.

Tangney J P, Baumeister R F, Boone A L. 2004. High self-control predicts good adjustment, less pathology, better grades, and interpersonal success [J]. Journal of Personality, 72 (2): 271 – 322.

Thomas K. 1998. Memory span as a predictor of false belief understanding [J]. New Zealand Journal of Psychology, 27 (2): 36 – 43.

Thompson C, Barresi J, Moore C. 1997. The development of future-oriented prudence and altruism in preschoolers [J]. Cognitive Development, 12: 199 – 212.

Toner I J, Lewis B C, Gribble C M. 1979. Evaluative verbalization and delay maintenance behavior in children [J]. Journal of Experimental Child Psychology, 28 (2): 205 – 210.

Toner I J, Smith R A. 1977. Age and overt verbalization in delay-maintenance behavior in children [J]. Journal of Experimental Child Psychology, 24 (1): 123 – 128.

Twenge J M, Catanese K R, Baumeister R F. 2003. Social exclusion and the deconstructed state: Time perception, meaninglessness, lethargy, lack of emotion, and self-awareness [J]. Journal of Personality and Social Psychology, 85 (3): 409 – 423.

Vasta R, Haith M, Miller S A. 1995. Child psychology: The modern science [J]. Second edition. John Wiley & Sons: 507 – 515.

Vygotsky L S. 1966. Play and its role in the mental development of the child [J]. Soviet Psychology, 12 (6): 62 – 67.

Walker S. 2005. Gender differences in the relationship between young children's peer-related social competence and individual differences in theory of mind [J]. The Journal of Genetic Psychology, 166 (3): 297 – 312.

Woznica J G. 1990. Delay of gratification in bulimic and restricting anorexia nervosa patients [J]. Journal of Clinical Psychology, 46 (6): 706 – 713.

Wulfert E, Block J A, Ana E S, et al. 2002. Delay of gratification: Impulsive choice and problem behaviors in early and later adolescence [J]. Journal of Personality, 70 (4): 532-552.

Yates B T, Mischel W. 1976. Young Children's preferred attentional strategies for delaying gratification [J]. Journal of Personality and Social Psychology, 37 (2): 286-300.

Yates G C R, Lippett R M K, Yates S M. 1981. The effects of age, positive affect induction, and instructions on children's delay of gratification [J]. Journal of Experimental Child Psychology, 32 (1): 169-180.

Zettergren P. 2003. School adjustment in adolescence for previously rejected, average and popular children [J]. British Journal of Educational Psychology, 73: 207-221.

附　录

附录 A　幼儿责任心发展教师评定问卷

指导语：

老师：您好！下面是关于幼儿责任感发展状况的问题，请您认真阅读每一个问题，并根据您平时对幼儿的观察、总体印象来回答每一个问题。谢谢！

回答方式：每题都在您认为适合该幼儿情况的位置上打一个“√”。

1. 该幼儿的责任心如何	非常强	比较强	一般	比较差	很差
2. 在室内玩完玩具或看完书，该幼儿能否主动收拾好	总是能	经常能	有时能	常不能	很少能
3. 户外活动后，该幼儿能否主动把玩具带回活动室	总是能	经常能	有时能	常不能	很少能
4. 手工、绘画以后，该幼儿能否主动收拾	总是能	经常能	有时能	常不能	很少能
5. 当自己掉落玩具时，该幼儿能否主动捡起来	总是能	经常能	有时能	常不能	很少能
6. 对老师提出的要求，该幼儿能否很好地记住	总是能	经常能	有时能	常不能	很少能
7. 对老师交给的事情，该幼儿能否认真负责地完成	总是能	经常能	有时能	常不能	很少能
8. 对自己进行的活动（如拼插、游戏等），该幼儿能否认真、负责地完成	总是能	经常能	有时能	常不能	很少能
9. 看见小朋友物品（如衣服、画笔等）掉到地上，该幼儿能否主动帮忙捡起	总是能	经常能	有时能	常不能	很少能

续表

10. 当小朋友不舒服时，该幼儿能否主动去关心	总是能	经常能	有时能	常不能	很少能
11. 当地上有别人掉落的玩具时，该幼儿能否主动捡起来	总是能	经常能	有时能	常不能	很少能
12. 当班上玩具（或书）架散乱时，该幼儿能否主动去收拾	总是能	经常能	有时能	常不能	很少能
13. 该幼儿对班里的事情是否关心	总是能	经常能	有时能	常不能	很少能
14. 该幼儿对班里的事情是否尽力、认真负责	总是能	经常能	有时能	常不能	很少能
15. 当幼儿做错事时，能否主动承认错误	总是能	经常能	有时能	常不能	很少能
16. 当该幼儿弄坏物品而又没有人发现时，能否主动告诉老师	总是能	经常能	有时能	常不能	很少能
17. 自己说了要去做的事，该幼儿能否主动、认真去做	总是能	经常能	有时能	常不能	很少能
18. 该幼儿答应了他人的事，能否主动、认真去做	总是能	经常能	有时能	常不能	很少能
19. 当该幼儿做了错事时，是否总是找理由，为自己开脱、辩解	总是能	经常能	有时能	常不能	很少能
20. 该幼儿答应了别人的事，是否回头就忘了	总是能	经常能	有时能	常不能	很少能

各维度的项目构成：

自我责任心：2、3、4、5、8　　任务责任心：6、7

他人责任心：9、10、11　　集体责任心：12、13、14

过失责任心：15、16、19　　承诺责任心：17、18、20

附录B　小学生学校社会交往能力教师结构访谈指导语及提纲

×××老师：

您好！非常感谢您在百忙之中抽出时间协助我的调查工作。目前，我们正在进行小学生学校社会交往行为的调查研究。这项研究的主要目的是想请教师评价和描述小学生在学校的社会交往行为表现。您的看法和想法会对我非常有帮助。调查是以两个人面谈的方式进行，为了便于整理您的口述资料，我需要对整个谈话内容录音，但录音资料只用作研究分析用，不会发表或以任何可能引起您不便的方式使用。另外，为了方便您能更为直观具体的评价和描述小学生的学校社会交往行为，我们在您所带的班级里随机抽取到×××同学作为您评价和描述的学生对象。以下是面谈会涉及的问题，如果您能够预先浏览一下并有一点儿思想准备，会使面谈更加顺利。再次感谢您对本研究的支持！

1. 能听懂、听清老师的提问或任务要求；

2. 对不懂的学习问题，能向老师提出疑问；

3. 积极动脑思考，踊跃发言；

4. 课堂回答问题完整、准确；

5. 积极参与课堂小组讨论，并大胆发表自己的看法；

6. 独立思考，按时完成课上作业与练习（不抄袭同学的作业与练习）；

7. 按时完成当天的各科作业，完成质量较好；

8. 专心听老师讲课，没有东张西望、做小动作、随便和同伴讲话、趴在桌子上东倒西歪等违犯课堂纪律的行为；

9. 发言举手，不在下面插话；

10. 认真听同学发言；

11. 懂得语文、数学等学科作业的规则及书写格式；

12. 按时上学、不迟到、不早退；

13. 不缺席、不旷课；

14. 认真做眼保健操；

15. 不乱扔纸屑，保持自己的书桌和座位的干净整洁；

16. 在楼里走路与上楼梯时，能右侧通行，不跑不闹；

17. 按时出席早操、课间操；

18. 课间或集体活动站队时，排队静、齐、快，不站错位置，能按口令统一动作；

19. 课间积极参加户外活动；

20. 听到铃声立刻进教室；

21. 每节课前自觉做好上课准备；

22. 按老师要求，收拾和摆放学习用品；

23. 能管理自己的东西，不丢三落四；

24. 认真做好值日生工作；

25. 有集体责任感，班里的事情争着做；

26. 对老师有礼貌，见到老师能主动打招呼，问好；

27. 主动与老师亲近接触，并主动帮助老师做事情；

28. 有不懂的问题主动向老师请教；

29. 寻求老师帮助时，能与老师商量，并合作完成任务；

30. 在老师面前，能轻松自如地表达自己的意见与要求，并说明简单道理；

31. 受到老师批评，没有抵触态度；

32. 与同学课上、课下关系融洽，不发生纠纷；

33. 能在同学面前表达自己的意见；

34. 与同学说话和气友好、谦让；

35. 与同学互帮互助，关心爱护同学；

36. 被拒绝加入伙伴的游戏群体；

37. 主动攻击、欺负同学；

38. 不被同学喜欢和搭理；

39. 受同学欢迎；

40. 课间常一个人，不与伙伴玩；

41. 有固定的交往伙伴；

42. 上学情绪：上学是一件很愉快的事情；

43. 集体活动/劳动情绪：参加集体活动/劳动时很愉快；

44. 完成任务/作业情绪：执行任务/写作业时心情愉快，完成任务/作业后，心情更加愉快；

45. 课堂活动情绪：课堂上发言时局促不安；愿意在大庭广众之下站起来发言；

46. 受到老师表扬感到高兴，受到老师批评感到沮丧。

附录C　小学生学校社会交往能力家长结构访谈提纲

学生姓名：________　性别：____　学校：__________　____年____班

家长姓名：________　访谈日期：______年____月____日

1. 对不懂的学习问题，能向老师提出疑问；
2. 独立思考，按时完成作业与练习（不抄袭同学的作业与练习）；
3. 按时完成当天的各科作业，完成质量较好；
4. 按时上学、不迟到、不早退；
5. 不缺席、不旷课；
6. 认真做好值日生工作；
7. 有集体责任感，班里的事情争着做；
8. 对老师有礼貌，见到老师能主动打招呼，问好；
9. 有不懂的问题主动向老师请教；
10. 受到老师批评，没有抵触态度；
11. 与同学说话和气友好、谦让；
12. 与同学互帮互助，关系爱护同学；
13. 被拒绝加入伙伴的游戏群体；
14. 主动攻击、欺负同学；
15. 不被同学喜欢和搭理；
16. 有固定的交往伙伴；
17. 上学情绪：上学是一件很愉快的事情；
18. 集体活动/劳动情绪：参加集体活动/劳动时很愉快；
19. 完成任务/作业情绪：执行任务/写作业时，心情愉快；完成任务/作业后，心情更加愉快；
20. 受到老师表扬感到高兴，受到老师批评感到沮丧。

附录D 《小学生学校社会交往能力教师评定问卷》的编制过程及施测结果

一、《小学生学校社会交往能力教师评定问卷》的编制过程

（一）建立《小学生学校社会交往能力教师评定问卷》的理论建构

1. 对追踪被试所在班主任教师的结构访谈

具体方法是从易于操作的小学生的课堂行为表现、学校日常生活行为表现、人际交往行为表现入手，拟定由46种行为表现构成的“小学生学校社会交往能力教师结构访谈提纲”，见附录B。正式访谈时，研究者按照事先拟定好的提纲，对追踪被试所在班级的班主任老师进行访谈，请教师针对该儿童的学校社会交往情况进行描述。在整个访谈过程中，研究者用纸笔记录，同时用录音笔录音。整理后的访谈记录均由被访谈教师本人过目，认为没有问题并亲笔签名。

事后，由两名经过培训的发展心理学研究者整理访谈记录的资料，并进行编码。正式编码前，两名研究者共同讨论分析访谈资料编码的规则与内容，明确编码的目的是要划分出小学生学校社会交往能力表现的特质结构。然后，开始分别对教师描述的小学生学校社会交往能力表现资料进行试编码，待两人的编码程度达到90%一致后，开始正式编码。编码的过程包括：建立结构类属、设置具体的行为码号，形成小学生学校社会交往能力教师结构访谈编码表。最终，将小学生学校社会交往能力划分出如下三个特质结构：遵守规则能力、执行任务能力、人际交往能力（包括与教师交往能力、与同伴交往能力）。

2. 采用理论推导方式建构《小学生学校社会交往能力教师评定问卷》的结构

根据以往有关学校适应的研究，结合对教师结构访谈资料的编码，将《小学生学校社会交往能力教师评定问卷》结构划分成：遵守规则能力、执

行任务能力、人际交往能力（包括与教师交往、与同伴交往两方面）。

（二）《小学生学校社会交往能力教师评定问卷》具体项目的编制与记分、评定与修改

根据教师结构访谈资料编码获得的具体行为条目，研制问卷项目，编制初始问卷。采用李克特式 5 点评分方法，问卷中每个项目所描述的学校社会交往行为按照其行为出现频率，从低到高排列记分："从不这样记 1 分""偶尔这样记 2 分""有时这样记 3 分""经常这样记 4 分""一直这样记 5 分"。共编制初始项目 55 项。

请 15 名有关专家对问卷内容、可读性、适当性与科学性进行评定与检验，初步检验问卷的内容效度。专家构成如下：教授 1 人、副教授 4 人、有经验的小学教师 5 人、博士生 5 人。经专家检验，删除表达比较抽象的项目 15 个，并对一些题目的表达方式进行了修改，使其操作性更强。该过程确保了问卷的内容效度。最后对所有项目进行随机编排，形成含有 40 个项目的《小学生学校社会交往能力教师评定问卷》（第一版），见附录 E。

（三）预测的项目分析及探索性因素分析

使用 SPSS 13.0 软件，以样本 5 对含有 40 个项目的《小学生学校社会交往能力教师评定问卷》（第一版）数据进行项目分析，删除多重相关的平方低于 0.4，且理论上认为不太重要的项目 4 个（T10、T16、T20、T23）。并在此基础上对剩余的 36 个项目做探索性因素分析，总计删除因素载荷不合适、且理论上认为不太重要的项目 10 个（T3、T4、T7、T9、T27、T28、T29、T34、T35、T38）。形成了包含 26 个项目的《小学生学校社会交往能力教师评定问卷》（第二版），见附录 F。探索后的结构包括遵守规则与执行任务能力、与教师交往能力、与同伴交往能力三个结构。

（四）正式施测及验证性因素分析

为了进一步验证《小学生学校社会交往能力教师评定问卷》（第二版）三结构维度的合理性，使用 Lisrel 8.30 统计软件，对样本 6 收集的数据做验证性因素分析，检验《小学生学校社会交往能力教师评定问卷》（第二版）

三结构 26 个项目的拟合程度。修正后的模型各项拟合指数较好，删除了四个项目（T6、T12、T32、T39），保留了 22 个项目，最终形成了《小学生学校社会交往能力教师评定问卷》（第三版，即正式版），见附录 G。

（五）《小学生学校社会交往能力教师评定问卷》（正式版）的信度与效度分析

用样本 6 计算《小学生学校社会交往能力教师评定问卷》（正式版）的同质性信度和分半信度，用样本 7 计算重测信度，用另一位教师评定样本 8 计算评分者信度。用样本 6 计算验证性因素分析的结构效度，用家长评定的样本 8 计算效标效度。

二、《小学生学校社会交往能力教师评定问卷》的施测结果

（一）小学生学校社会交往能力教师结构访谈资料编码

小学生学校社会交往能力教师结构访谈资料编码结果见附表 1。

附表 1　小学生学校社会交往能力教师结构访谈编码表

一级结构类属	二级结构类属	具体行为码号
A 遵守规则能力	a_1 遵守（课堂）学习规则能力 a_2 遵守日常生活行为规则能力 a_3 遵守集体活动规则能力	1. 课堂听讲 2. 课堂发言 3. 听同学发言 4. 作业规范 5. 听课姿势 6. 课堂讲话 7. 课堂溜号 8. 作业质量 9. 眼保健操 10. 个人卫生保持 11. 安全通行 12. 排队 13. 出操 14. 进教室 15. 户外活动
B 执行任务能力	b_1 执行（课堂）学习任务能力 b_2 执行日常生活行为任务能力 b_3 执行集体活动任务能力	1. 课堂发言积极性 2. 课堂发言质量 3. 课堂质疑主动性 4. 课堂思考积极性 5. 课堂思考独立性 6. 课堂作业完成自觉性 6. 课堂作业完成质量 7. 课堂小组合作讨论 8. 课前学习物品准备 9. 物品摆放 10. 集体责任意识 11. 集体责任行为（值日、为集体做事情）12. 迟到 13. 早退 14. 缺席、旷课

续表

一级结构类属	二级结构类属	具体行为码号
C 人际交往能力	c_1 与教师交往能力 c_2 与同伴交往能力	1. 与老师沟通接触 2. 帮助老师做事情 3. 找老师请教问题 4. 向老师问好 5. 寻求老师帮助 6. 在老师面前表达自如 7. 接受老师批评与表扬 8. 同伴关系融洽 9. 同伴冲突 10. 互相帮助 11. 受欢迎程度 12. 班级威信 13. 同伴游戏 14. 固定交往伙伴

（二）预测的项目分析

用样本 5 对含有 40 个项目的《小学生学校社会交往能力教师评定问卷》（第一版）数据进行项目分析。以各项目的经矫正的题总相关（corrected item - total correlation）多重相关的平方（squared multiple correlation）作为各项目的区分度指标。结果显示，有 67.5% 的项目经矫正的题总相关值在 0.6 以上，剩余未达到 0.6 的项目其多重相关的平方值也都达到了 0.3 以上，于是删除多重相关的平方低于 0.4，且理论上认为不太重要的项目 4 个（T10、T16、T20、T23），见附表 2。剩余的项目完全符合项目分析的要求，说明各项目与其他项目之间的关系十分密切，问卷本身内部一致性较好。

附表 2　《小学生学校社会交往能力教师评定问卷》（第一版）的项目分析

项目	经矫正的题总相关	多重相关的平方	项目	经矫正的题总相关	多重相关的平方
T1	0.748	0.728	T8	0.627	0.547
T2	0.762	0.703	T9	0.642	0.549
T3	0.726	0.698	T10◎	0.295	0.358
T4	0.760	0.707	T11	0.590	0.649
T5	0.612	0.558	T12	0.740	0.683
T6	0.791	0.754	T13	0.601	0.574
T7	0.674	0.574	T14	0.728	0.710

续表

项目	经矫正的题总相关	多重相关的平方	项目	经矫正的题总相关	多重相关的平方
T15	0.656	0.648	T28	0.722	0.644
T16◎	0.271	0.332	T29	0.515	0.552
T17	0.508	0.482	T30	0.784	0.729
T18	0.625	0.577	T31	0.724	0.719
T19	0.491	0.497	T32	0.734	0.662
T20◎	0.477	0.387	T33	0.634	0.669
T21	0.592	0.488	T34	0.680	0.623
T22	0.404	0.338	T35	0.451	0.431
T23◎	0.398	0.364	T36	0.395	0.402
T24	0.610	0.495	T37	0.759	0.728
T25	0.700	0.646	T38	0.772	0.739
T26	0.627	0.676	T39	0.631	0.499
T27	0.747	0.689	T40	0.514	0.475

注：◎表示多重相关的平方低于0.4，且理论上认为不太重要，而需删除的项目。

（三）预测的探索性因素分析

在对问卷进行项目分析的基础上，对剩余的36个项目数据做探索性因素分析。结果显示，*KMO*值为0.964，Bartlett球型检验值呈显著性水平（$p = 0.000$），说明数据适合进行探索性因素分析。于是首先采用主成分分析法提取主要因素，再采用Oblimin斜交旋转法进行旋转抽取公共因子个数。删除同时在两个因素上载荷相当，且理论上认为不太重要的项目；删除在理论划定的因素内载荷低，而在另外两个因素上载荷较高，且理论上认为不太重要的项目；删除在三个维度上载荷都较低，且理论上认为不太重要的项目。最后总计删除10项目（T3、T4、T7、T9、T27、T28、T29、T34、T35、T38），保留了26个项目。

在此基础上，对所剩26个项目的数据再次做探索性因素分析。结果显示，*KMO*值为0.953，Bartlett球型检验值呈显著性水平（$p = 0.000$），说明数据适合进行探索性因素分析。仍然采用主成分分析法提取主要因素和Oblimin斜交旋转法进行旋转抽取公共因子个数。结果显示，由附图 1 所示的陡阶图可见，特征值大于 1 的因素有 4 个，从第三个因素开始，陡阶趋于平缓；其中前三个因素的累积贡献率已经达到 57.72%，而后两个因素的特征值却非常接近，见附表 3。因此，可抽取三因素作为问卷的结构比较合理，这既符合因素分析的简约性原则，在理论上又易于解释。但是，这与最初的理论建构相比仍有变化，即原有的结构 1 遵守规则能力和结构 2 执行任务能力合并，重新命名为：遵守规则与执行任务能力（F1，包括 13 个项目）；原有的结构 3 分成两个独立的结构，分别命名为“与教师交往能力”（F2，包括 8 个项目）和“与同伴交往能力”（F3，包括 5 个项目）。

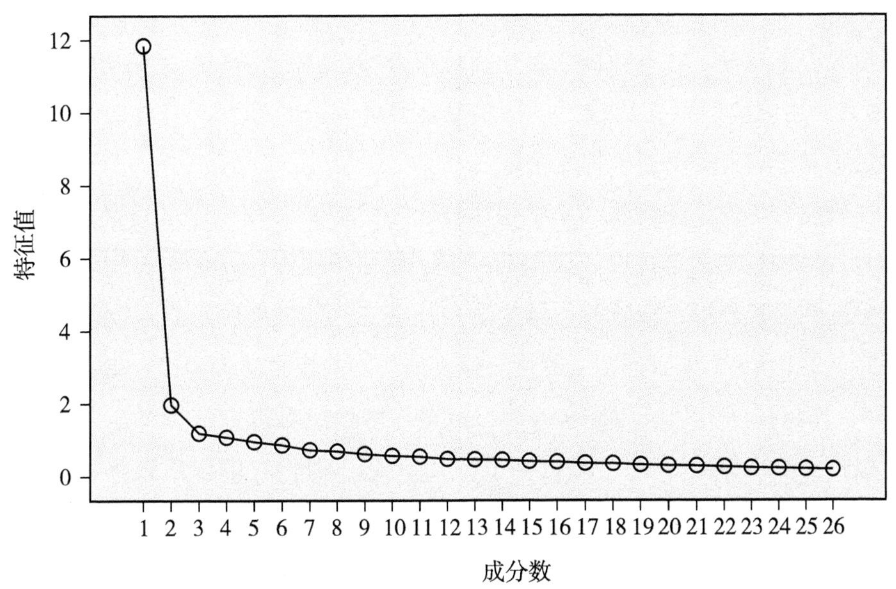

附图 1　26 个项目主成分分析的特征值分布陡阶图

附表 3　《小学生学校社会交往能力教师评定问卷》（第二版）的探索性因素分析

因素	项目数	共同度	因素负荷	特征值	变异值	累计贡献率
F1	13	0.177 ~ 0.681	0.163 ~ 0.863	11.846	45.563	45.563
F2	8	0.449 ~ 0.742	0.244 ~ 0.919	1.971	7.581	53.144
F3	5	0.515 ~ 0.677	0.401 ~ 0.816	1.190	4.576	57.720

（四）正式施测及验证性因素分析

验证性因素分析就是通过数据与理论假设模型之间的吻合程度来表示一个测验构想效度的高低。在进行协方差结构模型的分析研究时，理论假设模型是否能得到样本观测数据的支持需要参照多种指标来确定。近年来，研究者在实际运用协方差结构模型进行研究分析时，经常采用的拟合指数主要有χ^2、χ^2/df、RMSEA（近似误差均方根）、SRMR（标准化残差均方根）、GFI（拟合优度指数）、AGFI（矫正的拟合优度指数）、CFI（比较拟合指数）、NFI（赋范拟合指数）、NNFI（非范拟合指数）、IFI（未校正增值指数）、RFI（校正的增值指数）等各项指标。其中，前六种指数属于绝对拟合指数，用于衡量理论模型与样本数据的拟合程度，一般来说，数值超过临界值越小表明拟合程度越好；后五种指数属于相对拟合指数，是将理论模型与基准模型（通常使用虚模型）作比较，以检验拟合程度改进的多少，一般来说，数值超过临界值越大表明拟合程度越好①。

研究为了进一步验证《小学生学校社会交往能力教师评定问卷》（第二版）三结构构想的合理性，采用 Lisrel 8.30 统计软件，以样本 6 收集的数据做验证性因素分析，检验《小学生学校社会交往能力教师评定问卷》（第二版）三结构 26 个项目的拟合程度。修正前的初始模型的各项拟合指数，见附表 4。RMSEA <0.1，SRMR <0.08，虽然这两项绝对拟合指数都达到了模型可以接受的临界值，但是 NFI、NNFI、RFI 这三项相对拟合指数都较低，没有达到模型可以接受的临界值 0.9，所以模型需要修正。按照模型的修正指数、标准化因素载荷及误差变异量，有 6 个项目不理想（T6、T12、T17、T21、T32、T39），修正后的模型只删除了在理论划定的因素内载荷低，却在另外两个因素上载荷较高的 4 个项目（T6、T12、T32、T39）；T17 和 T21 两个项目虽然误差变异值大，但是在理论上这两个项目的含义可以支持模型的理论假设，而且这两个项目的存在对模型拟合指数的理想程度影响不大，所以决定保留，这样总共保留了 22 个项目。修正后的模型各项拟合指数均符合

---

① 侯杰泰，温忠麟，成子娟．结构方程模型及其应用［M］．北京：教育科学出版社，2004.

模型可以接受的各个临界原则，而且与修正前的模型相比，各项拟合指数均都有较好改善，见附表4。表明这时的模型建构较为合理，于是就形成了含有22个项目的《小学生学校社会交往能力教师评定问卷》（第三版，即正式版），包括遵守规则与执行任务能力（12个项目）、与教师交往能力（7个项目）、与同伴交往能力（3个项目）三个结构。

附表4 《小学生学校社会交往能力教师评定问卷》（第二、第三版）验证性因素分析的拟合指数

Model	χ^2	*df*	χ^2/df	RMSEA	SRMR	GFI	AGFI	NFI	NNFI	CFI	IFI	RFI
修正前	2269.85	296	7.67	0.072	0.051	0.88	0.86	0.88	0.89	0.90	0.90	0.87
修正后	1252.45	206	6.08	0.063	0.048	0.92	0.90	0.91	0.91	0.92	0.92	0.90

（五）《小学生学校社会交往能力教师评定问卷》（正式版）的信度与效度分析

以样本6计算《小学生学校社会交往能力教师评定问卷》（正式版）的同质性信度和分半信度，以样本7计算重测信度，以样本8计算评分者信度，结果见附表5。结果显示，各个信度指标都比较好，所以该问卷具有较高的信度。

以样本6计算的验证性因素分析的结构效度，结果见附表6。22个项目的标准化因素载荷在0.49～0.90，说明问卷具有较好的结构效度。此外，在编制问卷的过程中，我们在具体项目的设定上请有关专家对问卷的内容、可读性、适当性与科学性进行了评定与检验，该过程确保了问卷的内容效度。以样本8计算家长评定的效标效度，结果见附表7。

附表5 《小学生学校社会交往能力教师评定问卷》（正式版）各分量表和总问卷的信度系数

	同质性信度（Cronbach's α）	分半信度（Spearman-Brown）	重测信度（Pearson 相关）	评分者信度（Pearson 相关）
遵守规则与执行任务能力	0.903	0.881	0.746**	0.778**
与教师交往能力	0.864	0.858	0.595**	0.750**

续表

	同质性信度（Cronbach's α）	分半信度（Spearman-Brown）	重测信度（Pearson 相关）	评分者信度（Pearson 相关）
与同伴交往能力	0.745	0.777	0.519**	0.839**
学校适应总分	0.926	0.865	0.728**	0.784**

注：**表示 $p<0.01$。

附表 6　《小学生学校社会交往能力教师评定问卷》（正式版）验证性因素分析后各结构所含项目的标准化因素载荷及误差变异量

遵守规则与执行任务能力			与教师交往能力			与同伴交往能力		
项目	载荷	误差变异量	项目	载荷	误差变异量	项目	载荷	误差变异量
T1	0.80	0.49	T5	0.51	0.58	T19	0.76	0.72
T2	0.78	0.62	T11	0.82	0.78	T36	0.80	0.94
T8	0.55	0.51	T15	0.75	0.51	T40	0.84	0.39
T13	0.78	0.90	T18	0.71	0.77			
T14	0.72	0.50	T26	0.79	0.67			
T17	0.60	1.18	T31	0.90	0.46			
T21	0.68	1.09	T33	0.86	0.54			
T22	0.49	0.54						
T24	0.75	0.54						
T25	0.72	0.45						
T30	0.81	0.48						
T37	0.71	0.46						

附表 7　《小学生学校社会交往能力教师评定问卷》（正式版）各分量表和总问卷的效标效度

	遵守规则与执行任务能力	与教师交往能力	与同伴交往能力	问卷总分
效标效度（Pearson 相关）	0.629**	0.545**	0.721**	0.620**

注：**表示 $p<0.01$。

附录E　《小学生学校社会交往能力教师评定问卷》（第一版）

学生姓名：__________　学生性别：______　出生年月：____年__月

所在班级：______年____班　学校名称：__________________

教师姓名：________　教师学历：初中　高中　中师　大专　本科

指导语：

尊敬的老师，您好！

请您填写这份问卷是为了帮助我们了解小学生在学校的一些日常行为表现，所有问题都是选择题，有五个选项，分别表示小学生的某种行为“1. **从不这样**”“2. **偶尔这样**”“3. **有时这样**”“4. **经常这样**”以及“5. **一直这样**”，行为出现频率从低到高排列。请您根据每名小学生在学校的一贯行为表现，并与班级内其他学生作比较后，在各个题目中认为最适合该小学生行为表现的频率选项上画一个圈。

该问卷题目没有对错之分，仅供我们研究之用，不会对您产生任何负面影响。请您如实选择，注意不要有遗漏的题目，也不要在同一个题目中选两项。谢谢您的合作！

这名小学生的表现在多大程度上是这样呢？

1. 他（她）专心听老师讲课和同学发言；	1	2	3	4	5
2. 他（她）不乱扔纸屑，保持自己书桌和座位的干净整洁；	1	2	3	4	5
3. 他（她）能听懂并完成老师布置的学习任务；	1	2	3	4	5
4. 他（她）受同学欢迎；	1	2	3	4	5
5. 他（她）对老师有礼貌，见到老师能主动打招呼问好；	1	2	3	4	5
6. 他（她）与同学课上、课下关系融洽；	1	2	3	4	5

续表

7. 他（她）上课东张西望，搞小动作，注意力不集中；	1	2	3	4	5
8. 听到上课铃声，他（她）能立刻进教室；	1	2	3	4	5
9. 他（她）做值日时，卫生打扫得干净彻底；	1	2	3	4	5
10. 他（她）课间常一个人待着，不爱与其他同学玩；	1	2	3	4	5
11. 他（她）主动与老师接触、交流；	1	2	3	4	5
12. 他（她）对同学谦让有礼；	1	2	3	4	5
13. 他（她）发言举手，不在下面插话；	1	2	3	4	5
14. 他（她）在楼道里走路时能按学校的安全规则通行；	1	2	3	4	5
15. 对老师的课堂提问，他（她）回答完整、准确；	1	2	3	4	5
16. 他（她）不无故缺席、旷课；	1	2	3	4	5
17. 他（她）上课时不随便和同学讲话；	1	2	3	4	5
18. 他（她）能主动帮助老师做力所能及的事情；	1	2	3	4	5
19. 他（她）与同学发生过纠纷或吵过架；	1	2	3	4	5
20. 他（她）有要好的固定交往伙伴；	1	2	3	4	5
21. 他（她）听课时姿势端正，不趴桌子或东倒西歪；	1	2	3	4	5
22. 他（她）能按时出早操、课间操；	1	2	3	4	5
23. 他（她）值日时，迟到或者偷懒；	1	2	3	4	5
24. 他（她）做作业和练习时，能按规则与格式，书写准确、规范；	1	2	3	4	5
25. 课间站队时，他（她）不站错位置，能按口令统一行动；	1	2	3	4	5
26. 遇到困难时，他（她）主动与老师商量，寻求帮助；	1	2	3	4	5

续表

27. 他（她）与同学说话和气友好；	1	2	3	4	5
28. 他（她）课间认真做广播体操；	1	2	3	4	5
29. 他（她）上下楼梯时跑闹；	1	2	3	4	5
30. 课间或集体活动排队时，他（她）站得快、静、齐；	1	2	3	4	5
31. 遇到不懂的学习问题，他（她）能主动请教老师或同学；	1	2	3	4	5
32. 他（她）关心班集体，对集体的事情认真尽责；	1	2	3	4	5
33. 在老师面前，他（她）能轻松自如地表达自己的意见与要求，并说明简单道理；	1	2	3	4	5
34. 他（她）关心爱护同学，能主动帮助有困难的同学；	1	2	3	4	5
35. 在课间十分钟，他（她）积极参加户外活动；	1	2	3	4	5
36. 同学不喜欢和他（她）接触，排斥他（她）加入群体游戏；	1	2	3	4	5
37. 他（她）能按时完成课上的作业和练习；	1	2	3	4	5
38. 他（她）能按老师要求，收拾和摆放学习用品；	1	2	3	4	5
39. 他（她）能虚心接受老师的表扬，对老师的批评不抵触；	1	2	3	4	5
40. 他（她）攻击、欺负同学	1	2	3	4	5

附录F 《小学生学校社会交往能力教师评定问卷》（第二版）

学生姓名：＿＿＿＿＿＿ 学生性别：＿＿ 出生年月：＿＿ 年＿ 月

所在班级：＿＿＿年＿＿班 学校名称：＿＿＿＿＿＿＿＿＿

教师姓名：＿＿＿＿＿ 教师学历：初中 高中 中师 大专 本科

指导语：

尊敬的老师，您好！

请您填写这份问卷是为了帮助我们了解小学生在学校的一些日常行为表现，所有问题都是选择题，有五个选项，分别表示小学生的某种行为“1. **从不这样**”“2. **偶尔这样**”“3. **有时这样**”“4. **经常这样**”**以及**“5. **一直这样**”，行为出现频率从低到高排列。请您根据每名小学生在学校的一贯行为表现，并与班级内其他学生作比较后，在各个题目中认为最适合该小学生行为表现的频率选项上画一个圈。

该问卷题目没有对错之分，仅供我们研究之用，不会对您产生任何负面影响。请您如实选择，注意不要有遗漏的题目，也不要在同一个题目中选两项。谢谢您的合作！

这名小学生的表现在多大程度上是这样呢？

1. 他（她）专心听老师讲课和同学发言；	1	2	3	4	5
2. 他（她）不乱扔纸屑，保持自己书桌和座位的干净整洁；	1	2	3	4	5
3. 他（她）对老师有礼貌，见到老师能主动打招呼问好；	1	2	3	4	5
4. 他（她）与同学课上、课下关系融洽；	1	2	3	4	5
5. 听到上课铃声，他（她）能立刻进教室；	1	2	3	4	5
6. 他（她）主动与老师接触、交流；	1	2	3	4	5
7. 他（她）对同学谦让有礼；	1	2	3	4	5
8. 他（她）发言举手，不在下面插话；	1	2	3	4	5

续表

9. 他（她）在楼道里走路时能按学校的安全规则通行；	1	2	3	4	5
10. 对老师的课堂提问，他（她）回答完整、准确；	1	2	3	4	5
11. 他（她）上课时不随便和同学讲话；	1	2	3	4	5
12. 他（她）能主动帮助老师做力所能及的事情；	1	2	3	4	5
13. 他（她）与同学发生过纠纷或吵过架；	1	2	3	4	5
14. 他（她）听课时姿势端正，不趴桌子或东倒西歪；	1	2	3	4	5
15. 他（她）能按时出早操、课间操；	1	2	3	4	5
16. 他（她）做作业和练习时，能按规则与格式，书写准确、规范；	1	2	3	4	5
17. 课间站队时，他（她）不站错位置，能按口令统一行动；	1	2	3	4	5
18. 遇到困难时，他（她）主动与老师商量，寻求帮助；	1	2	3	4	5
19. 课间或集体活动排队时，他（她）站得快、静、齐；	1	2	3	4	5
20. 遇到不懂的学习问题，他（她）能主动请教老师或同学；	1	2	3	4	5
21. 他（她）关心班集体，对集体的事情认真尽责；	1	2	3	4	5
22. 在老师面前，他（她）能轻松自如地表达自己的意见与要求，并说明简单道理；	1	2	3	4	5
23. 同学不喜欢和他（她）接触，排斥他（她）加入群体游戏；	1	2	3	4	5
24. 他（她）能按时完成课上的作业和练习；	1	2	3	4	5
25. 他（她）能虚心接受老师的表扬，对老师的批评不抵触；	1	2	3	4	5
26. 他（她）攻击、欺负同学	1	2	3	4	5

附录 G 《小学生学校社会交往能力教师评定问卷》（第三版/正式版）

学生姓名：__________ 学生性别：______ 出生年月：____ 年__ 月

所在班级：______年____班 学校名称：____________________

教师姓名：__________ 教师学历：初中 高中 中师 大专 本科

指导语：

尊敬的老师，您好！

请您填写这份问卷是为了帮助我们了解小学生在学校的一些日常行为表现，所有问题都是选择题，有五个选项，分别表示小学生的某种行为“1. **从不这样**”“2. **偶尔这样**”“3. **有时这样**”“4. **经常这样**” **以及**“5. **一直这样**”，行为出现频率从低到高排列。请您根据每名小学生在学校的一贯行为表现，并与班级内其他学生作比较后，在各个题目中认为最适合该小学生行为表现的频率选项上画一个圈。

该问卷题目没有对错之分，仅供我们研究之用，不会对您产生任何负面影响。请您如实选择，注意不要有遗漏的题目，也不要在同一个题目中选两项。谢谢您的合作！

这名小学生的表现在多大程度上是这样呢？

1. 他（她）专心听老师讲课和同学发言；	1	2	3	4	5
2. 他（她）不乱扔纸屑，保持自己书桌和座位的干净整洁；	1	2	3	4	5
3. 他（她）对老师有礼貌，见到老师能主动打招呼问好；	1	2	3	4	5
4. 听到上课铃声，他（她）能立刻进教室；	1	2	3	4	5
5. 他（她）主动与老师接触、交流；	1	2	3	4	5
6. 他（她）发言举手，不在下面插话；	1	2	3	4	5

续表

7. 他（她）在楼道里走路时能按学校的安全规则通行；	1	2	3	4	5
8. 对老师的课堂提问，他（她）回答完整、准确；	1	2	3	4	5
9. 他（她）上课时不随便和同学讲话；	1	2	3	4	5
10. 他（她）能主动帮助老师做力所能及的事情；	1	2	3	4	5
11. 他（她）与同学发生过纠纷或吵过架；	1	2	3	4	5
12. 他（她）听课时姿势端正，不趴桌子或东倒西歪；	1	2	3	4	5
13. 他（她）能按时出早操、课间操；	1	2	3	4	5
14. 他（她）做作业和练习时，能按规则与格式，书写准确、规范；	1	2	3	4	5
15. 课间站队时，他（她）不站错位置，能按口令统一行动；	1	2	3	4	5
16. 遇到困难时，他（她）主动与老师商量，寻求帮助；	1	2	3	4	5
17. 课间或集体活动排队时，他（她）站得快、静、齐；	1	2	3	4	5
18. 遇到不懂的学习问题，他（她）能主动请教老师或同学；	1	2	3	4	5
19. 在老师面前，他（她）能轻松自如地表达自己的意见与要求，并说明简单道理；	1	2	3	4	5
20. 同学不喜欢和他（她）接触，排斥他（她）加入群体游戏；	1	2	3	4	5
21. 他（她）能按时完成课上的作业和练习；	1	2	3	4	5
22. 他（她）攻击、欺负同学	1	2	3	4	5

1、2、4、6、7、9、12、13、14、15、17、21 属于遵守规则与执行任务的能力维度；3、5、8、10、16、18、19 属于与教师交往的能力维度；11、20、22 属于与同伴交往的能力维度。

附录 H　以《小学生学校社会交往能力教师评定问卷》评定儿童 9 岁时学校社会交往能力的信度与效度检验结果

对追踪被试在 9 岁时学校社会交往能力的评定，是由两名经过培训的发展心理学研究者依据《小学生学校社会交往能力教师评定问卷》（正式版）的每一个项目，逐一对照对追踪被试所在班主任教师的结构访谈记录所描述的情况而做出评定，之后计算二者的评分者信度。依据主评分者的评定计算追踪被试在 9 岁时学校适应评定的各项信度系数，见附表 1。各分量表和总问卷的各项信度值在 0.764 ~ 0.978，表明对追踪被试在 9 岁时学校适应的评定具有较好的可信性。

附表 1　追踪被试在 9 岁时学校社会交往能力教师评定问卷的各分量表和总问卷的信度系数

	同质性信度（Cronbach's α）	分半信度（Spearman-Brown）	评分者信度（Pearson 相关）
遵守规则与执行任务能力	0.937	0.914	0.974**
与教师交往能力	0.863	0.863	0.930**
与同伴交往能力	0.779	0.764	0.978**
问卷总分	0.940	0.794	0.977**

注：** 表示 $p < 0.01$。

为了确保基于教师结构访谈对追踪被试在 9 岁时学校社会交往能力评定的有效性，又从小学生学校社会交往能力教师结构访谈提纲中选择出也可以由家长回答的问题，制定成小学生学校社会交往能力家长结构访谈提纲，见附录 C。对 43 名同意做访谈的儿童家长进行了访谈，具体过程同教师结构访谈。再由这两名经过培训的发展心理学研究者依据《小学生学校社会交往能力教师评定问卷》（正式版）的相关项目，逐一对照对追踪被试家长结构访谈记录所描述的情况，也对追踪被试在 9 岁时学校社会交往能力做出评定，以此作为基于教师结构访谈做出评定的效标，计算二者的相关系数作为效标效度，见附表 2。各分量表和总问卷的各项效标效度值在 0.629～0.794，表明对追踪被试在 9 岁时学校社会交往能力的评定是可靠而有效的。

附表 2　追踪被试在 9 岁时学校社会交往能力教师评定问卷的各分量表和总问卷的效标效度

	遵守规则与执行任务能力	与教师交往能力	与同伴交往能力	问卷总分
效标效度（Pearson 相关）	0.659**	0.675**	0.629**	0.794**

注：** 表示 $p<0.01$。

附录Ⅰ 同伴提名的指导语和问题

现在，请先看一遍全班同学的名单，然后回答下面的问题：

在全班同学中，

1. 你最愿意和谁在一起学习？

第一：________ 第二：________ 第三：________

2. 你最不喜欢谁？

第一：________ 第二：________ 第三：________

3. 你最愿意和谁一起出去玩？

第一：________ 第二：________ 第三：________

4. 你最不愿意和谁在一起学习？

第一：________ 第二：________ 第三：________

5. 你最喜欢谁？

第一：________ 第二：________ 第三：________

6. 你最不愿意和谁一起出去玩？

第一：________ 第二：________ 第三：________

附录J　儿童社交焦虑量表

学校：__________　　班级：__________　　施测日期：__________

姓名：__________　　性别：__________　　出生年月：__________

同学：

请认真阅读下面的句子，对照你自己的情况，指出每句话对你的适用程度。回答没有对错之分。如果你的情况**“从不这样”**，就在句子右边的“0”上画“○”；如果你的情况**“有时这样”**，就在句子右边的“1”上画“○”；如果你的情况**“总是这样”**，就在句子右边的“2”上画“○”。

	从不这样	有时这样	总是这样
1. 我害怕在别的孩子面前做没做过的事情；	0	1	2
2. 我担心被别人取笑；	0	1	2
3. 我周围都是我不认识的小朋友时，我觉得害羞；	0	1	2
4. 我和小伙伴一起时很少说话；	0	1	2
5. 我担心其他孩子会怎样看待我；	0	1	2
6. 我觉得小朋友们取笑我；	0	1	2
7. 我和陌生的小朋友说话时感到紧张；	0	1	2
8. 我担心其他孩子会怎样说我；	0	1	2
9. 我只同我很熟悉的小朋友说话；	0	1	2
10. 我担心别的小朋友会不喜欢我	0	1	2

1、2、5、6、8、10属于害怕否定评价维度；3、4、7、9属于社交回避及苦恼维度。

附录K　儿童孤独量表

学校：__________　班级：__________　施测日期：__________

姓名：__________　性别：__________　出生年月：__________

同学：

请认真阅读下面的句子，对照你自己的情况，指出每句话对你的适用程度。回答没有对错之分。如果你的情况**“完全是这样”**，就在句子右边的“5”上画“○”；如果你的情况**“基本上是这样”**，就在句子右边的“4”上画“○”；如果你的情况**“不一定”**，就在句子右边的“3”上画“○”；如果你的情况**“很少这样”**，就在句子右边的“2”上画“○”；如果你的情况**“从不这样”**，就在句子右边的“1”上画“○”。

	从不这样	很少这样	不一定	基本上是这样	完全是这样
1. 在学校交新朋友对我来说很容易；	1	2	3	4	5
2. 我喜欢阅读；	1	2	3	4	5
3. 没有人跟我说话；	1	2	3	4	5
4. 我跟别的孩子一块时相处很好；	1	2	3	4	5
5. 我常看电视；	1	2	3	4	5
6. 我很难交朋友；	1	2	3	4	5
7. 我喜欢学校；	1	2	3	4	5
8. 我有许多朋友；	1	2	3	4	5
9. 我感到寂寞；	1	2	3	4	5
10. 有需要时我可以找到朋友；	1	2	3	4	5

续表

	从不这样	很少这样	不一定	基本上是这样	完全是这样
11. 我常常锻炼身体；	1	2	3	4	5
12. 我很难让别的孩子喜欢我；	1	2	3	4	5
13. 我喜欢科学；	1	2	3	4	5
14. 没有人跟我一块玩；	1	2	3	4	5
15. 我喜欢音乐；	1	2	3	4	5
16. 我能跟别的孩子很好地相处；	1	2	3	4	5
17. 我觉得在有些活动中受冷落；	1	2	3	4	5
18. 在需要人帮助时我无人可找；	1	2	3	4	5
19. 我喜欢画画；	1	2	3	4	5
20. 我不能跟别的小朋友相处；	1	2	3	4	5
21. 我孤独；	1	2	3	4	5
22. 班上的同学很喜欢我；	1	2	3	4	5
23. 我很喜欢下棋；	1	2	3	4	5
24. 我没有任何朋友	1	2	3	4	5

3、6、9、12、14、17、18、20、21、24 属于孤独维度；1、4、8、10、16、22 属于非孤独维度（反向记分）；2、5、7、11、13、15、19、23 属于辅助性插入题。